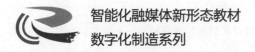

智能化融媒体新形态教材

数字化制造系列

U0184877

UG NX 12.0 造型设计

主　编　刘珍来　钟荣林　王　霞

副主编　葛志宏　王　鹏　马　强

上海交通大学出版社

SHANGHAI JIAO TONG UNIVERSITY PRESS

内容提要

本书根据学生使用UG NX 12.0的实际需求，着重针对实例演练进行解析，采用详细的图文操作步骤，快速构建UG NX 12.0在造型设计方面的实操环境。

本书共6个项目，包括初识UG NX 12.0、二维草图设计、基本体素建模、三维实体建模、曲面建模、工程图设计。每个项目均包含项目导读、思政园地、任务、在线测试。其中，每个任务均设置有任务目标、任务设定、任务解析、任务实施、任务检测。以模块化的方式，结合实际案例，由浅入深，使学生逐渐熟悉UG NX 12.0软件，逐步掌握UG NX 12.0造型设计的技巧。

本书适合作为高等院校数控加工、模具设计与制造等机械工程类专业的实训教材。

图书在版编目（CIP）数据

UG NX 12.0造型设计 / 刘珍来，钟荣林，王霞主编.
—上海：上海交通大学出版社，2024.1
ISBN 978-7-313-30147-5

Ⅰ.①U… Ⅱ.①刘… ②钟… ③王… Ⅲ.①计算机
辅助设计—应用软件 Ⅳ.①TP391.72

中国国家版本馆CIP数据核字（2024）第036465号

UG NX 12.0 造型设计
UG NX 12.0 ZAOXING SHEJI

主　　编：刘珍来　钟荣林　王　霞			
出版发行：上海交通大学出版社	地　　址：上海市番禺路 951 号		
邮政编码：200030	电　　话：021 - 64071208		
印　　刷：杭州钱江彩色印务有限公司	经　　销：全国新华书店		
开　　本：787 mm × 1092 mm　1/16	印　　张：13.25		
字　　数：279 千字			
版　　次：2024 年 1 月第 1 版	印　　次：2024 年 1 月第 1 次印刷		
书　　号：ISBN 978 - 7 - 313 - 30147 - 5	电子书号：978 - 7 - 89424 - 522 - 9		
定　　价：68.00 元			

前言
PREFACE

Unigraphics NX（简称 UG NX）12.0 是一款集产品设计、工程、制造于一体的软件，被制造商应用于概念设计、工业设计、详细的机械设计，以及工程仿真和数控加工等领域。

编者以党的二十大精神为引领，以习近平新时代中国特色社会主义思想为指导，基于真实案例，结合教学中的经典实例，以详细的图文操作步骤、常用的建模和工程图示例，快速构建 UG NX 12.0 在造形设计方面的实操环境，编写《UG NX 12.0 造型设计》一书。

本书主要针对 UG NX 12.0 的常用模块进行讲解，涵盖初识 UG NX 12.0、二维草图设计、基本体素建模、三维实体建模、曲面建模、工程图设计六个项目。

本书采用由浅入深的编写方式，项目一主要介绍 UG NX 12.0 工作界面和草图界面，以及各个界面的常用工具条命令，并进行操作演示，使读者能够快速熟悉 UG NX 12.0 的常用命令，并对这些命令的作用有直观的认识。项目二主要介绍二维草图设计的相关内容，通过三个任务的练习，使读者能够将项目一中讲解的命令应用到实际的绘图中。项目三主要介绍基本体素建模的步骤及方法，重点讲解长方体、圆柱、圆锥体、球体以及键槽的创建。项目四主要介绍三维实体建模，通过三个任务对草图、拉伸、旋转等特征命令，以及倒圆角操作命令进行实际操作。项目五介绍曲面建模的相关命令，包括网格面、扫掠、回转等创建曲面的方式。项目六主要介绍工程图设计的相关内容，包括导入零件、设置参数、生成三视图、创建剖面图、尺寸标注等。

本书既可作为高等院校数控加工、模具设计与制造等机械工程类专业的三维建模实训教材，也可以作为读者自学 UG NX 12.0 软件的参考书。通过对本书的学习，读者能够熟练地掌握 UG NX 12.0 各个模块的使用方法。

由于编者水平有限，难免有疏漏之处，恳请广大读者批评指正。本书配备教学资源，请拨打电话 010–82967726 免费获取。

编　者
2023 年 4 月

《UG NX 12.0 造型设计》微信小程序码

《UG NX 12.0 造型设计》片头

目录
CONTENTS

项目一
初识 UG NX 12.0

● 项目导读 ●

本项目将通过实例演示，引出 UG NX（又称西门子 NX）12.0 的基本操作，帮助建立对 UG NX 12.0 建模流程的初步认识。

在此基础上，通过对任务二的学习，熟悉 UG NX 12.0 的草图界面和建模界面，并掌握常用的工具条及其命令，且能够熟练使用。

● 思政园地 ●

借助工业绘图软件完成产品设计、带入仿真系统进行可靠性评估、采用生产控制软件实现自动化流程管控……如今，工业软件已广泛应用于我国制造企业研发设计和生产经营的全生命周期，成为智能制造的关键支撑。

任务一 了解 UG NX 12.0 工作界面

 任务目标

【知识目标】

1. 了解进入建模界面、创建模型以及保存模型文件的方法

2. 了解进入草图界面、创建草图以及保存文件的方法

3. 掌握建模界面的主要工具栏的组成以及常见命令的用法

4. 掌握草图界面的主要工具栏的组成以及常见命令的用法

5. 熟悉主菜单栏的调用方法

【能力目标】

1. 能正确进入建模界面、草图界面

2. 能正确调用建模工具栏的常用命令、草图工具栏的常用命令

3. 能正确调用主菜单栏的命令

 任务设定

熟悉"软件打开→创建模型文件→创建草图→进入草图界面→退出草图界面→保存模型（草图）文件"整个流程。

 任务解析

该任务侧重引导学生熟练运用 UG NX 12.0 软件。所以，应学会在合适的文件夹下创建并保存模型文件或草图文件，能够进行后续的调用和修改，并掌握建模界面和草图界面的常用命令。

▶ **任务实施**

1. 进入建模界面

（1）在计算机操作界面的左下角依次单击"开始"→"所有程序"→"Siemens NX 12.0"→"NX 12.0"按钮，启动 UG NX 12.0 软件，进入其基本环境，如图 1-1 所示。

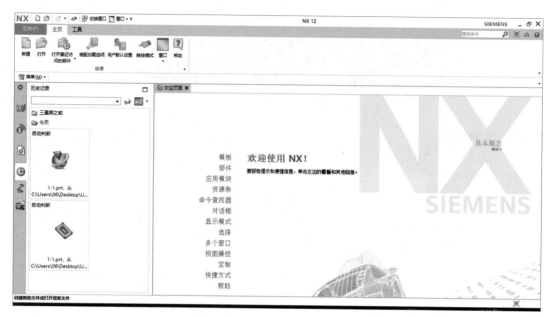

图 1-1 UG NX 12.0 基本环境

（2）依次执行"菜单"→"文件"→"新建"命令 新建(N)...，如图 1-2 所示。或者单击菜单栏中的新建按钮，创建一个新的文件。

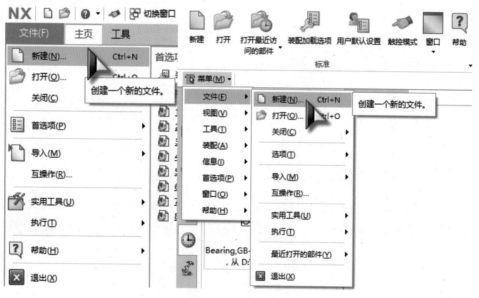

图 1-2 新建文件

（3）在弹出的"新建"对话框"模板"栏中，选择名称为"模型"、类型为"建模"的模板，在新文件名栏中设置文件名和文件保存的位置，如图 1-3 所示。单击"确定"按钮 确定，进入建模界面。

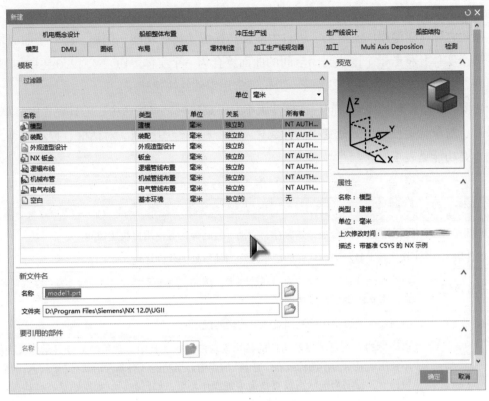

图 1-3 新建对话框

2. 认识建模界面

建模界面如图 1-4 所示，该界面对应"建模"模块。它是 UG NX 12.0 的基础模块，提供三维实体建模环境。三维实体建模就是利用实体模块所提供的功能将二维轮廓图延伸

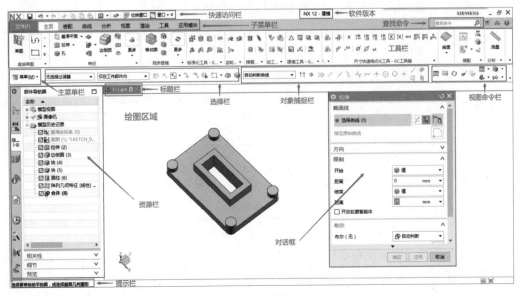

图 1-4 建模界面

成为三维的实体模型，并在此基础上添加所需的特征，如抽壳、钻孔、倒圆角。

除此之外，建模模块还提供了将自由曲面转换成实体的功能。例如，将一个曲面增厚成为一个实体，将若干个围成封闭空间的曲面缝合为一个实体。UG NX 12.0 还增加了 GC 工具箱，通过 GC 工具箱可实现弹簧、齿轮等常用零件的快速建模。

建模界面主要包括快速访问栏、软件版本、子菜单栏、查找命令、工具栏、主菜单栏、选择栏、对象捕捉栏、视图命令栏、标题栏、资源栏、绘图区域、对话框、提示栏等，它们的主要功能见表 1-1。

表 1-1　UG NX 12.0 建模界面功能

区域	功能
快速访问栏	该栏包含常用命令，如保存、撤销、复制等，方便用户快速访问
软件版本	软件版本显示当前软件的版本号和当前所处的软件环境
子菜单栏	UC NX 命令按照功能分为不同选项卡，例如，"主页""装配""曲线"等，在选项条上单击鼠标右键可增减选项卡
查找命令	查找命令通过使用关键词或词组搜索匹配项
工具栏	以图标的方式显示当前角色的各个模块的命令，其中，常用的命令显示为大图标，不常用的显示为小图标或在"更多"的库中。当功能区有非激活状态(呈灰色)的命令按钮时，说明当前状态没有该命令的操作环境，如已激活，则按钮呈高亮状态，表示可以使用该命令
主菜单栏	该栏涵盖了 UG NX 传统工作界面下拉菜单中的所有命令，包括"文件""编辑""视图""插入""格式""工具""装配""信息""分析""首选项"，方便按照类别进行命令的查找
选择栏	该栏提供了利用过滤器的方式来筛选对象的功能，为捕捉特定类型的对象打下基础，包含"类型过滤器""选择范围"选择框和定文选择方式等命令
对象捕捉栏	该栏提供了利用多种规则来捕捉特定对象的方法
视图命令栏	该栏提供了一组与视图调整相关的命令，如模型的着色、渲染，设置布局、光源和摄像机、模型的显示和隐藏等
标题栏	该栏显示所有打开模型文件的名称
资源栏	资源栏用于放置一些常用的工具，包括装配导航器、约束导航器、部件导航器、重用库、HD 3D 工具、历史记录、角色
绘图区域	该区域为 UG NX 的工作区域，可在此进行草图绘制、三维实体建模、产品装配和出工程图等操作
对话框	对话框为调用操作命令的时候弹出的选取对象和设置参数的方框
提示栏	提示栏用于提示用户下一步该如何操作

其中，"主菜单"是建模界面中最重要的一项，在该菜单中可以找到所有的建模命令，其调用路径通常为"菜单"→"下拉菜单命令"→"子菜单命令"，如图 1-5 所示。

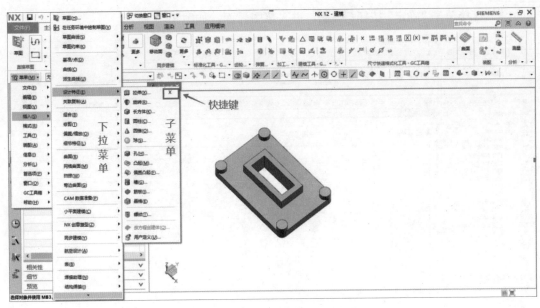

图 1-5 "主菜单"命令调用方法

3. 认识草图界面及工具栏

通过依次执行"菜单"→"插入"→"在任务环境中绘制草图" 命令 在任务环境中绘制草图(V)，进入草图界面。

（1）依次执行"菜单"→"插入"→"在任务环境中绘制草图" 命令，弹出如图 1-6 所示的"创建草图"对话框。

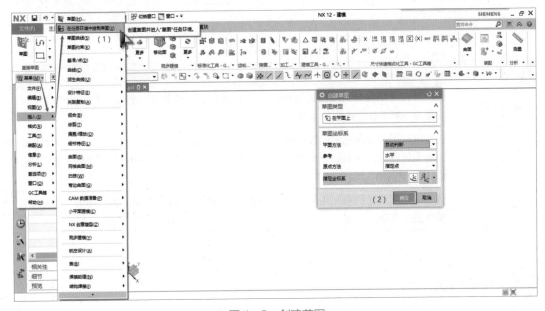

图 1-6 创建草图

（2）直接单击"确定"按钮 确定 ，进入草图界面，如图1-7所示。

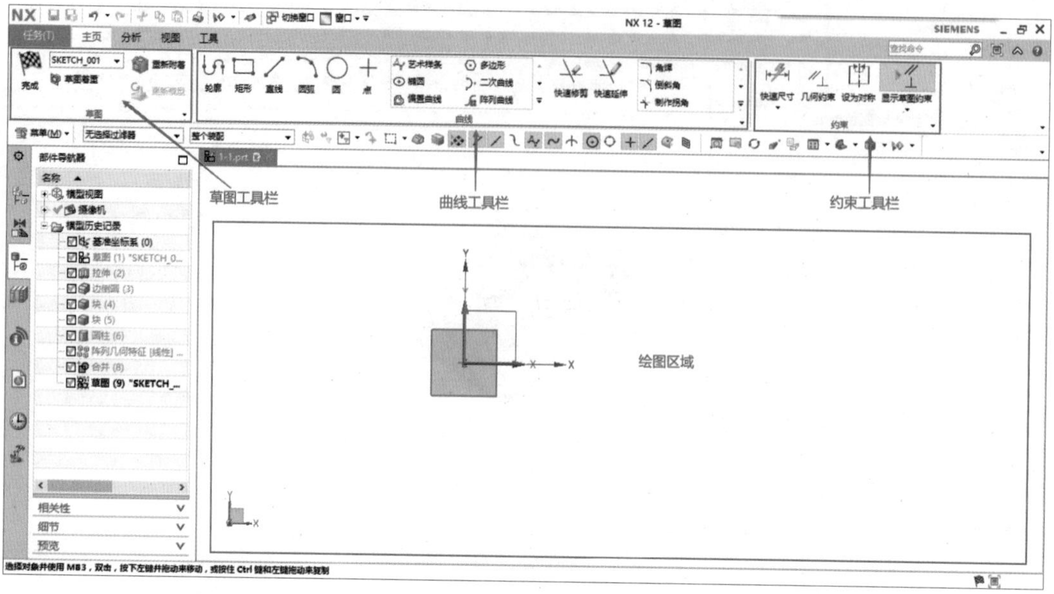

图1-7 草图界面

（3）在草图界面中，草图工具栏包括建模环境中的快速访问栏、软件版本、子菜单栏、查找命令、主菜单栏、选择栏、对象捕捉栏、视图命令栏、标题栏、资源栏、绘图区域、提示栏等功能。

草图界面与建模界面的区别在于工具栏，建模界面的工具栏包含各个模块的常用命令，而草图界面的工具栏主要包含草图工具栏、曲线工具栏、约束工具栏3种，其主要功能见表1-2。

表1-2 草图界面工具栏

区域	功能
草图工具栏	该栏可以使用命令对草图进行整体控制，例如更改草图基准平面，更新草图尺寸等，主要命令有"草图着重""重新附着""更新模型"
曲线工具栏	该栏可利用各种曲线和曲线编辑命令，构建各种或简单或复杂的二维图形，为后续曲面和实体建模打下基础。主要命令有"直线""圆弧""点""多边形""阵列曲线""快速修剪""倒圆角""制作拐角"等
约束工具栏	该栏可利用尺寸约束和几何约束对构建的二维图形进行形状和位置的约束，防止后续的非正常变动。主要命令有"快速尺寸""几何约束""设为对称"等

任务检测

创建文件夹，要求文件夹以自己姓名的拼音加短横线加数字的形式命名。例如：李华的学号为"20070001"，则他的文件夹名为"lihua-0001"，如图1-8所示。新建两个模型文件（可以包含草图），并按要求保存模型文件，模型文件 1 和模型文件 2 保存时的名称分别为"lihua-1"和"lihua-2"，如图 1-9 所示。

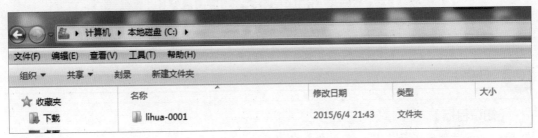

图 1-8　创建文件夹

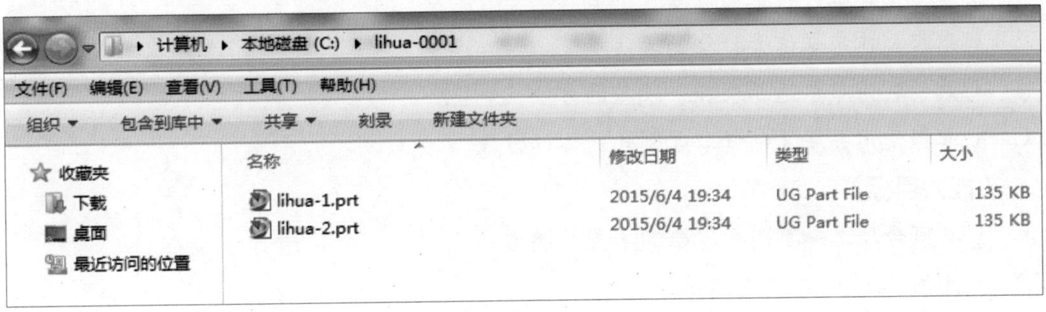

图 1-9　文件保存在文件夹内

任务二 UG NX 12.0 入门实例

⊙ 任务目标

【知识目标】

1. 了解草图界面的布局，常用命令的功能

2. 掌握创建拉伸特征的方法

3. 掌握创建基本体素特征的方法

4. 熟悉利用布尔运算求和、求差的方法

5. 掌握使用关联复制命令复制几何体的方法

【能力目标】

1. 具有合理选择草图面、绘制草图的能力

2. 能用"拉伸"命令创建拉伸实体

3. 能用"基本体素"命令创建基本体素特征

4. 能用"布尔运算"命令进行实体求和、求差

5. 能用"阵列几何特征"命令对所创建的实体进行复制

⚙ 任务设定

根据图 1-10 所示的图纸和尺寸，建立图中所示零件的简单三维模型。

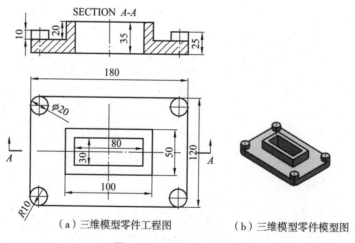

（a）三维模型零件工程图　　　（b）三维模型零件模型图

图 1-10　简单三维模型

任务解析

该零件模型为简单三维模型，其主体由长方体和圆柱体组成。所以，可以采用拉伸草图的方式生成实体图，也可以通过插入基本体素的方式生成实体图。而四周的圆柱体可以通过关联复制命令快速完成。

 任务实施

简单三维模型的建模步骤如图 1-11 所示。

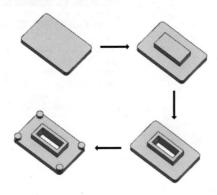

图 1-11 简单三维模型的建模步骤

1. 创建方形底座

（1）打开 UG NX 12.0 软件，单击"新建"按钮，弹出如图 1-12 所示的"新建"对话框。

（2）在"模板"栏中选择名称为"模型"、类型为"建模"的模板选项。

图 1-12 "新建"对话框

（3）单击"确定"按钮 确定 ，进入建模界面。

（4）依次执行"菜单"→"插入"→"在任务环境中绘制草图"命令，弹出如图1-13所示的"创建草图"对话框。

图1-13 建模界面

（5）直接单击"确定"按钮 确定 ，进入草图绘制界面。

（6）依次执行"菜单"→"插入"→"曲线"→"矩形"命令 □ 矩形(R) ，弹出"矩形"对话框。

（7）在草图绘制界面的绘图区域找到一个合适位置，绘制一个任意大小的矩形，如图1-14所示。系统会根据该矩形的大小自动生成尺寸。

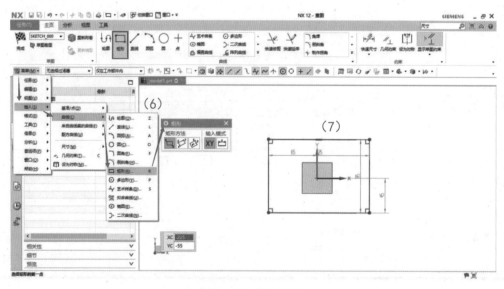

图1-14 绘制矩形

（8）双击图中尺寸，弹出"线性尺寸"对话框，然后在对话框的"驱动"选项卡中进行线性尺寸的修改。例如，修改尺寸：长为180，与Y轴对称；宽为120，与X轴对称。效果如图1-15所示。

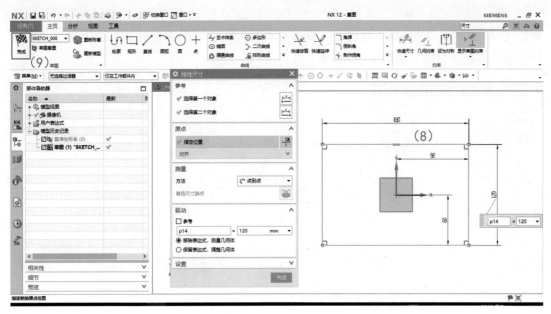

图 1-15 修改草图尺寸

（9）单击"完成"按钮 ，退出草图绘制界面，重新进入建模界面。

（10）依次执行"菜单"→"插入"→"设计特征"→"拉伸"命令 拉伸(X)...，弹出"拉伸"对话框。选择草绘的曲线为截面线，系统会自动在绘图区域生成该曲线的拉伸预览图，如图1-16所示。

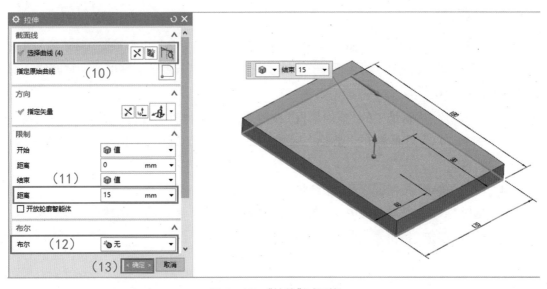

图 1-16 "拉伸"对话框

（11）在"极限"区域中，将"距离"的值更改为 15。

（12）在"布尔"区域中，将布尔运算选项设置为"无"。

（13）单击"确定"按钮 确定 ，完成拉伸特征创建。

（14）依次执行"菜单"→"插入"→"细节特征"→"边倒圆"命令 边倒圆(E)...，弹出如图 1-17 所示的"边倒圆"对话框。依次选择拉伸长方体的 4 个棱边，系统会自动生成棱边的边倒圆预览图，如图 1-17 所示。

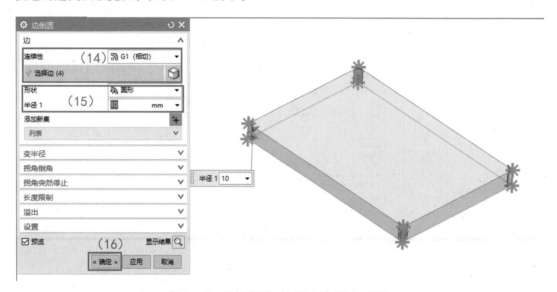

图 1-17 "边倒圆"对话框和边倒图预览图

（15）将"形状"改选为"圆形"，然后将"半径 1"的值更改为 10。

（16）单击"确定"按钮 确定 ，完成圆角特征创建。

2. 创建凸台

（1）依次执行"菜单"→"插入"→"设计特征"→"长方体"命令 长方体(K)... ，弹出如图 1-18 所示的"长方体"对话框。在"尺寸"区域中，将长度值、高度值、宽度值分别改为 100、50、20。

（2）单击"原点"区域中的"点对话框"按钮 ，弹出如图 1-18 所示的"点"对话框。

（3）修改"点"对话框的"坐标"区域中的 XC 值、YC 值、ZC 值，其数值分别为 -50、-25、15。

（4）单击"确定"按钮 确定 ，系统将返回"长方体"对话框。

（5）选择"长方体"对话框中的"布尔"选项为"合并"，系统将自动选择合并对象。

（6）单击"确定"按钮 确定 ，完成凸台创建。

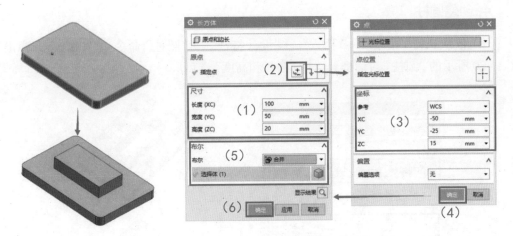

图 1-18 "长方体"对话框和"点"对话框 1

3. 创建凹坑

（1）依次执行"菜单"→"插入"→"设计特征"→"长方体"命令 ⬡ 长方体(K)... ，弹出如图 1-19 所示的"长方体"对话框。在"尺寸"区域中，将长度值、高度值、宽度值分别改为 80、30、35。

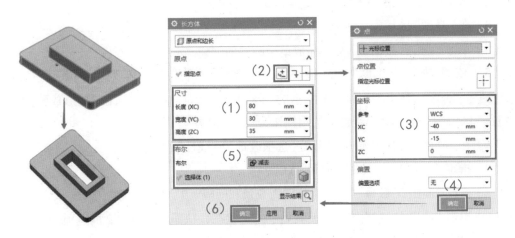

图 1-19 "长方体"对话框和"点"对话框 2

（2）单击"原点"区域中的"点对话框"按钮 ➕，弹出如图 1-19 所示的"点"对话框。

（3）修改"点"对话框中"坐标"区域中 XC 值、YC 值、ZC 值，其数值分别为 -40、-15、0。

（4）单击"确定"按钮 确定 ，系统将返回"长方体"对话框。

（5）将"长方体"对话框中的"布尔"区域改选为"减去"选项，系统将自动选择合并对象。

（6）单击"确定"按钮 确定 ，完成凹坑创建。

4. 创建圆柱

（1）依次执行"菜单"→"插入"→"设计特征"→"圆柱"命令 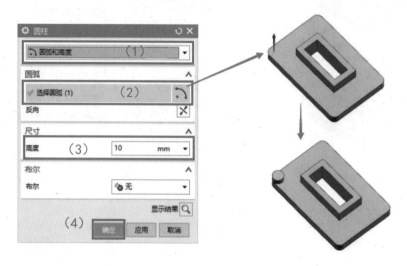 ，弹出如图 1-20 所示的"圆柱"对话框，选择"圆弧和高度"选项。

图 1-20 "圆柱"对话框

（2）选择模型中的圆角边作为"选择圆弧"的对象。

（3）在"高度"区域中，输入 10。

（4）单击"确定"按钮 确定 ，完成单个圆柱的创建。

（5）依次执行"菜单"→"插入"→"关联复制"→"阵列几何特征"命令 阵列几何特征(T)... ，弹出如图 1-21 所示的"阵列几何特征"对话框。在"要形成阵列的几何特征"区域中，选择上一步创建的圆柱作为"选择对象"。

（6）在"阵列定义"区域中，"布局"选项改选为"线性"。

（7）指定"方向 1"的矢量方向为"XC"。

（8）修改"间距""数量""节距"分别为数量和间隔、2、160。

（9）单击"使用方向 2"按钮，使其处于勾选状态，从而激活方向 2 的选项。

（10）指定"方向 2"的矢量方向为"YC"。

（11）修改"间距""数量""节距"分别为数量和间隔、2、100。

（12）单击"确定"按钮 确定 ，完成其余 3 个圆柱的创建。

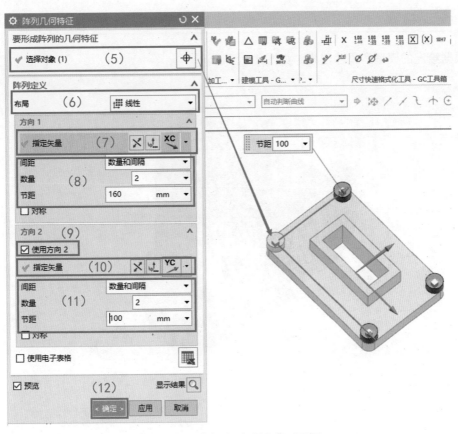

图 1-21　"阵列几何特征"对话框

（13）依次执行"菜单"→"插入"→"组合"→"合并"命令 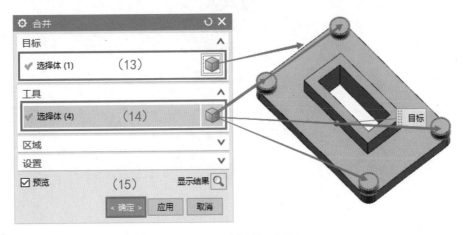 合并(U)... ，弹出如图 1-22 所示的"合并"对话框。在"目标"区域中，选择方形实体作为目标体。

图 1-22　"合并"对话框

（14）在"工具"区域中，选择 4 个圆柱作为工具体。

（15）单击"确定"按钮 确定 ，完成布尔合并运算。

◎ **任务检测**

根据给定的模型和尺寸建模，如图 1-23 所示。

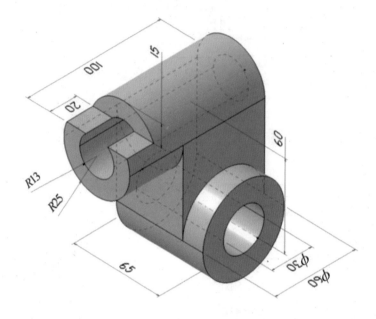

图 1-23

 在线测试

扫一扫　测一测

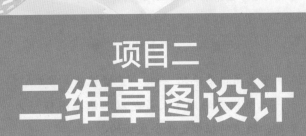

项目二
二维草图设计

● 项目导读 ●

二维草图设计是 UG NX 12.0 中重要的基础功能，通过在草图界面中运用各种草图绘制命令，熟悉草图命令，进行由简单到复杂的 2D 图形创建。

通过本项目的练习，对 UG NX 12.0 的草图界面及工具条有进一步认识，能够快速绘制比较复杂的 2D 图形，并为三维实体建模打下基础。

● 思政园地 ●

万丈高楼平地起，一砖一瓦皆根基。在 CAD 中，三维模型的建立大多是以二维草图模型为基础，通过特征模型命令生成的。

看似没有在最终产品中有所体现的草图，却是一切灵感的开端……

任务一　绘制孔板零件草图

 任务目标

【知识目标】

1. 掌握创建轮廓线、圆角、圆的方法

2. 掌握标注尺寸、几何约束方法

3. 了解曲线镜像方法

【能力目标】

1. 能用"轮廓"命令、"圆角"命令、"圆"命令创建轮廓线

2. 能用"尺寸"命令、"几何约束"命令约束图形大小和位置

任务设定

根据如图 2-1 所示的图纸，完成孔板零件的草图绘制。

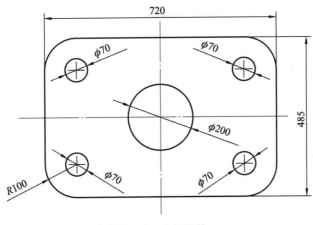

图 2-1　孔板零件

 任务解析

孔板零件的 2D 图形包括矩形轮廓特征和圆形特征，如图 2-1 所示的孔板零件以矩形为主体轮廓，在 4 个角进行倒圆角，半径为 100。在圆角中心处绘制 4 个 $\Phi 70$ 的小圆，并在矩形中心绘制 $\Phi 200$ 的大圆。

要点提示：本例图形为轴对称图形，可以先绘制1/4个图形，然后通过"镜像曲线"命令生成其余的曲线形状。

 任务实施

图2-1所示的孔板零件的绘图步骤如图2-2所示。

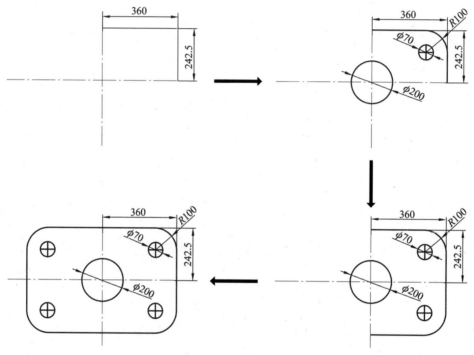

图2-2 孔板零件的绘图步骤

1. 进入草图界面

（1）依次执行"菜单"→"插入"→"在任务环境中绘制草图"命令 品 在任务环境中绘制草图(V) ，弹出如图2-3所示的"创建草图"对话框。

（2）直接单击"确定"按钮 确定 ，进入草图绘制界面。

图 2-3　草图绘制界面

2. 绘制 1/4 直线轮廓

（1）依次执行"菜单"→"插入"→"曲线"→"轮廓"命令 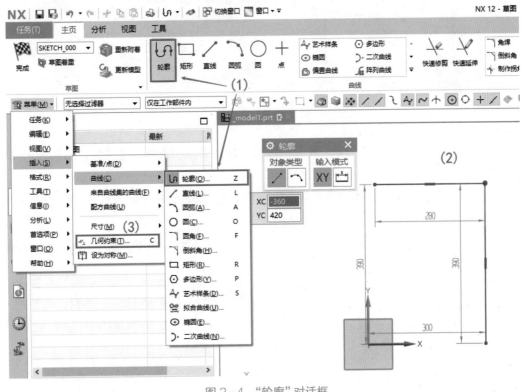 轮廓(O)...，或者直接执行"草图工具"工具条中的"轮廓"命令，弹出如图 2-4 所示的"轮廓"对话框。

图 2-4　"轮廓"对话框

（2）在靠近X轴、Y轴处绘制水平线和竖直线。完成之后系统会基于曲线自动生成能够约束曲线位置的尺寸。

（3）依次执行"菜单"→"插入"→"几何约束"命令 ，或者直接执行"草图工具"工具条中的"几何约束"命令 ，弹出"几何约束"对话框。

（4）单击"几何约束"对话框中"点在曲线上"按钮 ，即可进行设置，如图2-5所示。

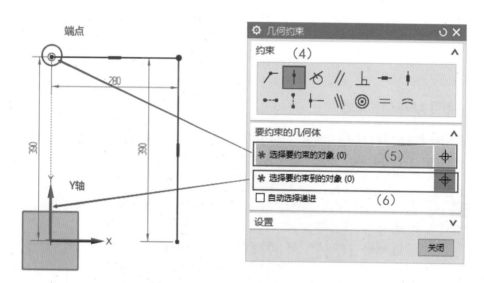

图2-5 几何约束

（5）单击"选择要约束的对象"按钮，然后选择水平线的左端点和Y轴，系统弹出"几何约束"对话框。

（6）单击"选择要约束到的对象"按钮，选择Y轴，端点将与Y轴重合。用同样的方法，约束竖直线下端点与X轴重合。最终效果如图2-6所示。

（7）依次单击水平尺寸和竖直尺寸，然后单击鼠标右键，弹出如图2-7所示的菜单，可执行"转化为驱动"命令。

（8）执行菜单中的"转换为驱动"命令 ，将系统自动生成的尺寸转换为驱动尺寸。

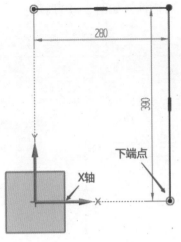

图2-6　几何约束效果

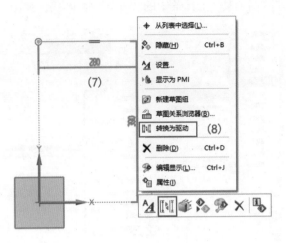

图2-7　转化为驱动

要点提示：系统自动生成的尺寸是不完整约束的尺寸，会受到后续尺寸标注或者几何约束影响而发生数值的改变。但驱动尺寸属于完整约束尺寸，一旦确定，数值不会受到其他因素的影响而发生改变。

（9）双击水平尺寸（本例中为280），弹出如图2-8所示的数值对话框，将其值改为360，然后单击鼠标中键或者按"Enter"键，完成水平尺寸修改。

（10）用同样的方法修改竖直尺寸（本例中为390），将其值改为242.5，尺寸修改结果如图2-9所示。

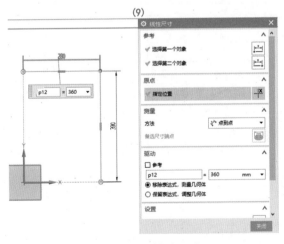

图2-8　修改尺寸

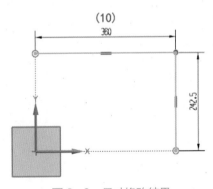

图2-9　尺寸修改结果

3. 创建圆角及圆

（1）依次执行"菜单"→"插入"→"曲线"→"圆角"命令 🔲 圆角(F)...，或者直接执行

"草图工具"工具条中的"圆角"命令 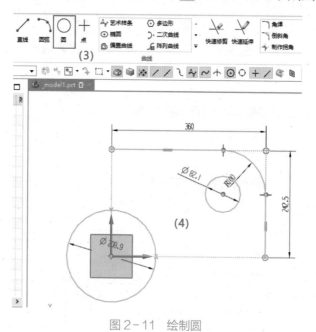，弹出"圆角"对话框，如图 2-10 所示。

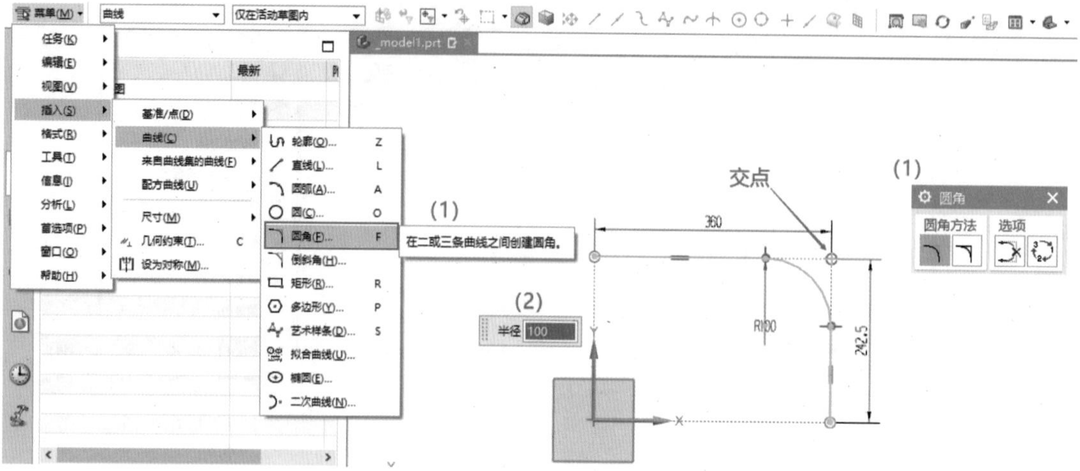

图 2-10　创建圆角

（2）单击水平线和竖直线的交点，在弹出的"半径"数值对话框中，输入 100，如图 2-10 所示，系统将自动生成圆角。

（3）进入草图绘制界面，依次执行"菜单"→"插入"→"曲线"→"圆"命令 ○ 圆(C)...，或者直接执行"草图工具"工具条中的"圆"命令 ○，弹出"圆"对话框，如图 2-11 所示。

图 2-11　绘制圆

（4）在坐标轴中心和圆角圆心分别绘制一个任意大小的圆，右键单击系统自动生成的尺寸，将其转化为驱动尺寸。然后双击尺寸进行修改，将大圆直径改为 200，小圆直径改为 70，其效果如图 2-12 所示。

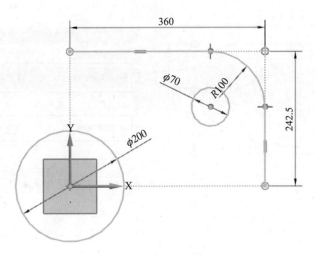

图 2-12 圆尺寸修改

4. 镜像曲线

（1）依次执行"菜单"→"插入"→"来自曲线集的曲线"→"镜像曲线"命令 ⊞ 镜像曲线(M)...，如图 2-13 所示。弹出"镜像曲线"对话框，选中除 $\Phi 200$ 圆以外的对象作为要镜像的曲线。

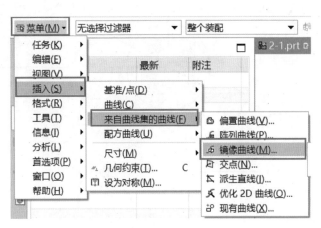

图 2-13 "镜像曲线"命令

（2）选中 X 轴作为镜像中心线，系统将自动生成镜像预览图，如图 2-14 所示。

（3）单击"确定"按钮 确定 ，完成曲线的第一次镜像。

（4）再次执行"镜像曲线"命令 ⊞ 镜像曲线(M)... ，选择除 $\Phi 200$ 圆以外的对象作为要镜像的曲线，选 Y 轴作为镜像中心线。单击"确定"按钮 确定 ，完成所有轮廓线的创建，效果如图 2-15 所示。

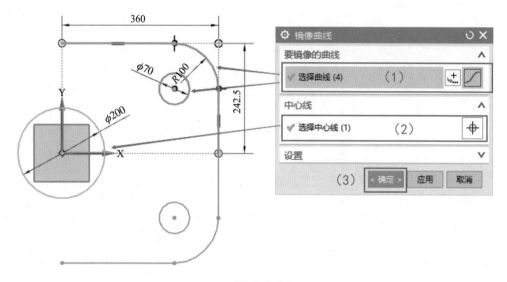

图 2-14 "镜像曲线"对话框

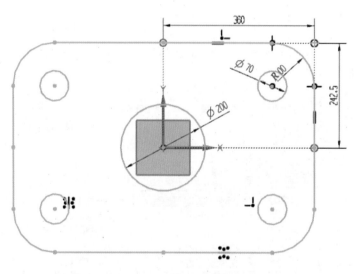

图 2-15 第二次镜像

（5）执行"草图"工具条中的"完成"命令 ，或者在绘图区域空白处单击鼠标右键，执行"完成草图"命令 ，均可退出草图绘制界面。

 任务检测

根据给定的尺寸绘制如图 2-16 所示的草图轮廓。

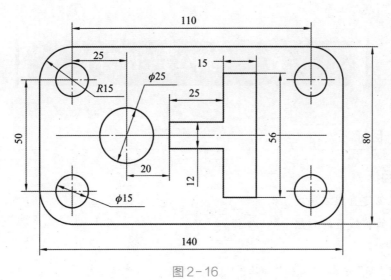

图 2-16

任务二　绘制勺子零件草图

任务目标

【知识目标】

1. 掌握创建直线方法

2. 掌握修剪线条的方法

【能力目标】

1. 能用"圆"命令、"直线"命令、"圆角"命令，创建轮廓线

2. 能用"快速修剪"命令进行曲线修剪编辑

任务设定

根据如图 2-17 所示的图纸，完成勺子零件的草图绘制。

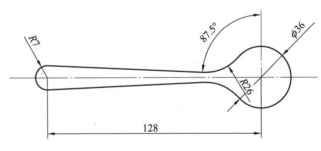

图 2-17　勺子零件

任务解析

勺子零件的线条以圆弧居多，且图形为轴对称，因此可以运用前面学过的镜像命令进行绘制，另外需要注意斜线左端与小圆（R7）是相切关系，其余圆弧过渡也是相切关系。

任务实施

勺子零件的绘图步骤如图 2-18 所示。

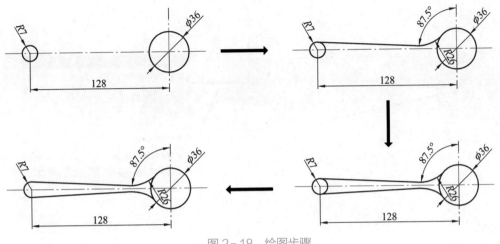

图 2-18　绘图步骤

1. 绘制圆

（1）进入草图绘制界面，依次执行"菜单"→"插入"→"曲线"→"圆"命令 ⭕ 圆(C)...，或者直接执行"草图工具"工具条中的"圆"命令 ⭕，弹出"圆"对话框。

（2）以坐标轴原点为圆心，绘制 $\phi 36$ 的圆，如图 2-19 所示。

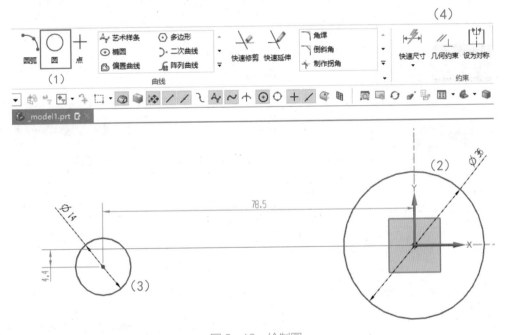

图 2-19　绘制圆

（3）在大圆左侧绘制 $\phi 14$ 的圆，此时系统会自动生成小圆的竖直方向和水平方向的尺寸约束。

（4）依次执行"菜单"→"插入"→"几何约束"命令 ⟂ 几何约束(T)...，或者直接执行"草图工具"工具条中的"几何约束"命令 ⟂，弹出"几何约束"对话框，如图 2-20 所示。

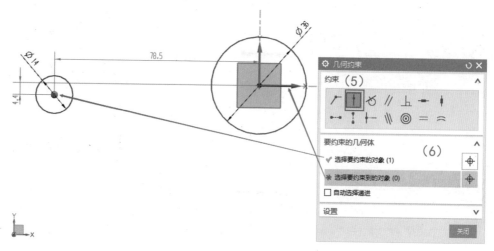

图 2-20　小圆几何约束

（5）单击"几何约束"对话框中"点在曲线上"按钮 ↑。

（6）选择小圆（本例中为 $\Phi14$）的圆心作为"要约束的对象"，选择 X 轴作为"要约束到的对象"，如图 2-20 所示；系统将自动将小圆圆心固定到 X 轴上，此时约束小圆圆心位置的竖直方向尺寸（本例中为 4.4）会消失。

（7）双击小圆水平方向的几何尺寸（本例中为 78.5），弹出 $P0$ 的数值对话框，将其数值改为 128，如图 2-21 所示。

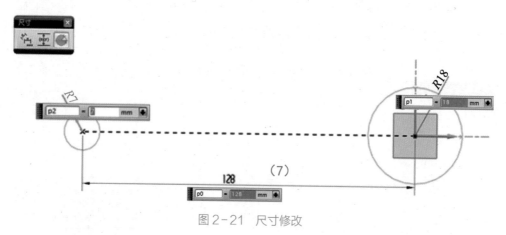

图 2-21　尺寸修改

2. 绘制直线并倒圆角

（1）依次执行"菜单"→"插入"→"曲线"→"直线"命令 ╱ 直线(L)...，或者直接执行"草图工具"工具条中的"直线"命令 ╱ 直线(L)...，绘制一条斜线，如图 2-22 所示。系统会自动生成约束尺寸。

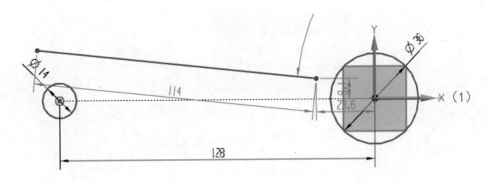

图 2-22　绘制直线

（2）依次执行"菜单"→"插入"→"几何约束"命令 ⚹ 几何约束(I)... ，或者直接执行"草图工具"工具条中的"几何约束"命令 ，然后依次单击斜线和小圆（本例中为 $\Phi14$ ）的圆弧曲线，弹出"几何约束"对话框。

（3）单击"几何约束"对话框中"相切"按钮，使斜线与小圆相切，此时部分自动生成的尺寸会消失，如图 2-23 所示。

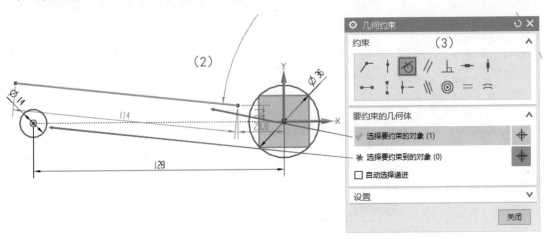

图 2-23　约束直线

（4）依次执行"菜单"→"插入"→"曲线"→"圆角"命令 圆角(F)... ，或者直接执行"草图工具"工具条中的"圆角"命令 ，系统弹出"圆角"对话框，将圆角方法选择为"取消修剪"选项，如图 2-24 所示。

（5）直接在"半径"数值对话框中输入 26，然后依次单击斜线和大圆的圆弧曲线，系统会自动生成圆角预览，单击鼠标中键确认。

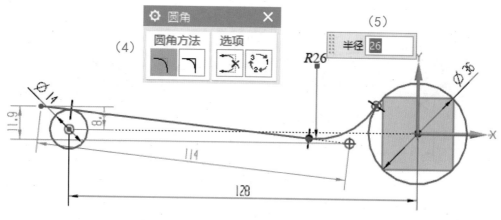

图 2-24　绘制圆角

3. 修剪曲线并标注尺寸

（1）依次执行"菜单"→"编辑"→"曲线"→"快速修剪"命令 快速修剪(Q)...，或者直接执行"草图工具"工具条中的"快速修剪"命令 ，系统会弹出如图 2-25 所示的"快速修剪"对话框，单击斜线两端超出边界的部分，将其删除。

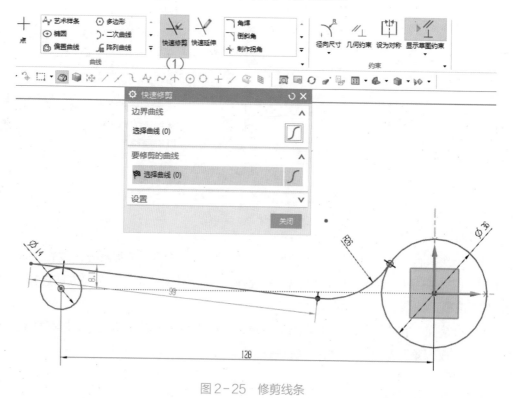

图 2-25　修剪线条

（2）依次执行"菜单"→"插入"→"尺寸"→"角度"命令 角度(A)...，弹出如图 2-26 所示的"角度尺寸"对话框，依次单击斜线及 Y 轴，在弹出的数值对话框中输入

87.5，单击鼠标中键确认。

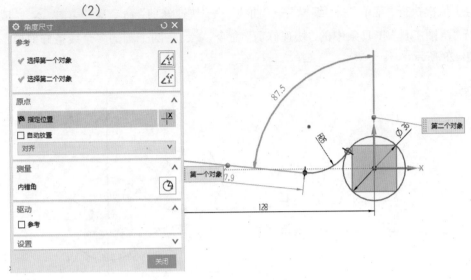

图 2-26　标注角度

4. 镜像曲线

（1）依次执行"菜单"→"插入"→"来自曲线集的曲线"→"镜像曲线"命令 ⚓ 镜像曲线(M)，弹出如图 2-27 所示的"镜像曲线"对话框。

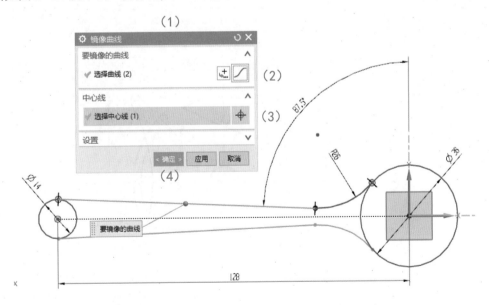

图 2-27　镜像曲线

（2）选中斜线及圆角圆弧作为要镜像的曲线。

（3）选中 X 轴作为镜像中心线，系统会自动生成镜像预览图。

（4）单击确定按钮，完成所选曲线的镜像。

5. 修剪多余曲线

（1）依次执行"菜单"→"编辑"→"曲线"→"快速修剪"命令 快速修剪(Q)... ，或者直接执行"草图工具"工具条中的"快速修剪"命令 ，将两个圆的多余线条修剪掉，效果如图 2-28 所示。

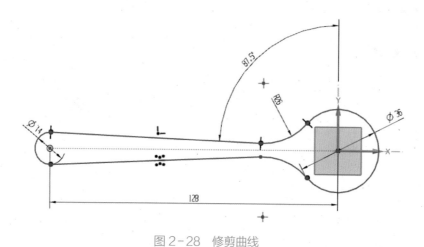

图 2-28　修剪曲线

（2）单击"草图"工具条中的"完成"命令 🏁，退出草图绘制界面。

◎ **任务检测**

绘制如图 2-29 所示的草图轮廓。

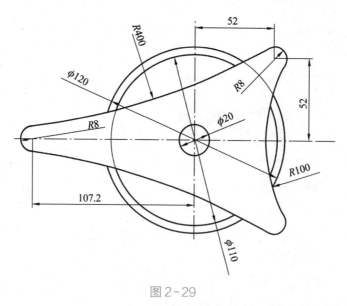

图 2-29

任务三 绘制灯泡零件草图

 任务目标

【知识目标】

1.掌握创建轮廓线方法

2.掌握修剪线条方法

【能力目标】

1.能用"镜像曲线"命令进行曲线镜像

2.能用"快速修剪"命令进行曲线修剪编辑

任务设定

根据如图2-30所示的图纸，完成灯泡零件的草图绘制。

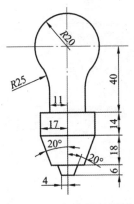

图2-30 灯泡零件图纸

 任务解析

灯泡零件是由一些连续直线段和圆弧构成的，因此直线段的绘制可以利用草图工具中的"轮廓"命令来完成，并且只需要画一半轮廓，另一半可以利用镜像命令生成。

任务实施

灯泡零件的草图绘图步骤如图 2-31 所示。

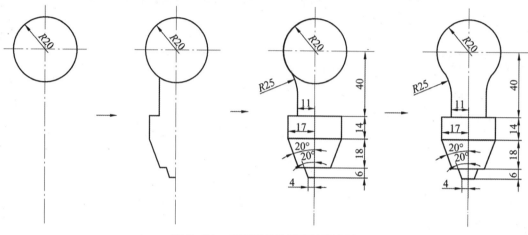

图 2-31　灯泡零件的草图绘图步骤

1. 设置草图样式

（1）新建模型文件，进入草图界面。依次执行"菜单"→"任务"→"草图设置"命令，弹出如图 2-32 所示的"草图设置"对话框。

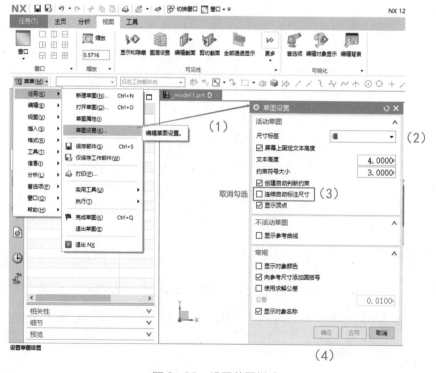

图 2-32　设置草图样式

（2）在"草图设置"对话框中将"尺寸标签"选项改选为"值"。

（3）单击"草图设置"对话框中"连续自动标注尺寸"按钮，使其处于未勾选状态。

（4）单击"确定"按钮 确定 ，完成草图样式设置。

> **要点提示**：由于设置了草图样式，后续绘制草图轮廓线（直线、圆、圆弧等）的时候，草图绘图窗口将不会自动生成任何尺寸，均需要手动标注。

2. 绘制圆

（1）依次执行"菜单"→"插入"→"曲线"→"圆"命令 ○ 圆(C)... ，或者直接执行"草图工具"工具条中的"圆"命令 ○ ，弹出"圆"对话框。以坐标轴原点为圆心，绘制Φ40（R20）的圆，如图2–33所示。

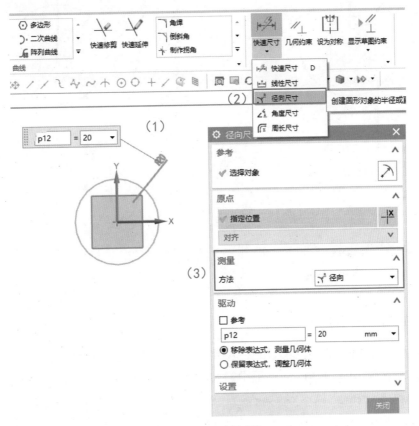

图2–33 绘制圆

（2）执行"草图工具"工具条中的"快速尺寸"命令，其下方的扩展菜单按钮会显示尺寸标注的其他方法，如"线性尺寸""角度尺寸""径向尺寸"等。

（3）单击扩展菜单中的"径向尺寸"命令 ↗ 径向(R)... ，弹出"径向尺寸"对话框，在对话框的"测量"→"方法"选项卡中选择"径向"选项，然后单击圆边界，在弹出的"数值"

对话框中输入 20，单击鼠标中键确认。

3. 绘制轮廓线

（1）依次执行"菜单"→"插入"→"曲线"→"轮廓"命令 ⌇ 轮廓(O)... ，在合适的位置绘制连续的直线段。绘制效果如图 2-34 所示。（注：由于前面设置了草图样式，所以此处不会自动生成任何尺寸，需要手动标注。）

（2）依次执行"菜单"→"编辑"→"曲线"→"快速修剪"命令 ⌇ 快速修剪(Q)... ，将直线段伸入圆内的部分线段修剪掉。

（3）依次执行"菜单"→"插入"→"几何约束"命令 ⌇ 几何约束(T)... ，然后依次单击 Y 轴和轮廓线底部横线的右端点，将右端点约束在 Y 轴上。其效果如图 2-35 所示。

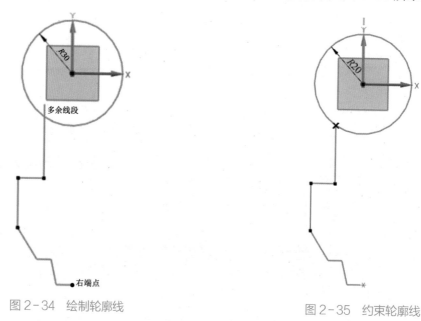

图 2-34　绘制轮廓线　　　　　　　　　　　图 2-35　约束轮廓线

4. 标注轮廓线尺寸

（1）依次执行"菜单"→"插入"→"尺寸"→"快速"命令 ⌇ 快速(P)... ，然后依次单击 X 轴和线段 1，在弹出的"数值"对话框中输入 40。单击鼠标中键确认，效果如图 2-36 所示。

（2）重复执行"快速"命令 ⌇ 快速(P)... ，依次标注竖直方向尺寸。效果如图 2-37 所示。

（3）依次执行"菜单"→"插入"→"尺寸"→"快速"命令 ⌇ 快速(P)... ，然后依次单击 Y 轴和线段 2，在弹出的数值对话框中输入 11。单击鼠标中键确认，效果如图 2-38 所示。

（4）重复执行"快速"命令 ⌇ 快速(P)... ，依次标注水平方向尺寸，如图 2-39 所示。

（5）依次执行"菜单"→"插入"→"尺寸"→"角度"命令 ⌇ 角度(A)... ，弹出"尺寸"对话框，然后依次单击 Y 轴和斜线段 3，在弹出的"数值"对话框中输入 20。单击鼠标中键确认，效果如图 2-40 所示。

（6）重复执行"角度"命令 ∠̲ 角度(A)... ，标注第二条斜线段的角度。其效果如图2-41所示。

（1）
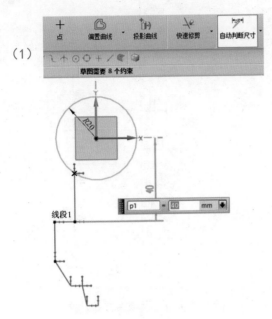

图2-36 标注单个竖直尺寸

（2）
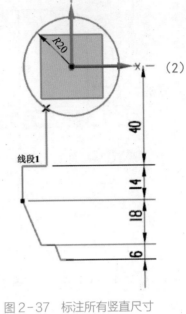

图2-37 标注所有竖直尺寸

（3）
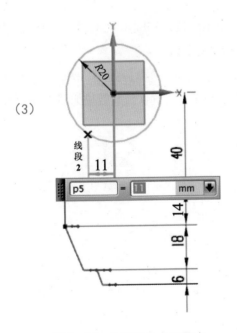

图2-38 标注单个水平尺寸

（4）
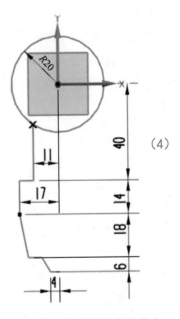

图2-39 标注所有水平尺寸

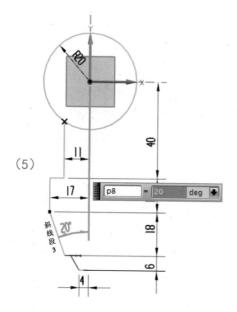

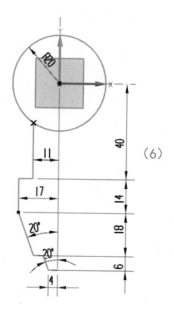

图 2-40　标注单个角度尺寸　　　　　图 2-41　标注第二个角度

（7）依次执行"菜单"→"插入"→"曲线"→"圆角"命令 ，或者直接执行"草图工具"工具条中的"圆角"命令 ，系统弹出"圆角"对话框，将圆角方法选择为"修剪"选项，其效果如图 2-42 所示。

（8）在半径数值对话框中输入 25，然后依次单击线段 2 和圆（R20）轮廓曲线，系统会自动生成圆角预览，如图 2-42 所示，单击鼠标中键确认。

（9）依次执行"菜单"→"插入"→"尺寸"→"径向"命令 ，然后单击圆角的轮廓曲线，在弹出的"数值"对话框中输入 25，单击鼠标中键确认。其效果如图 2-43 所示。

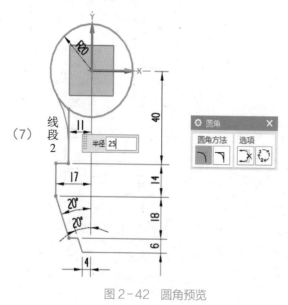

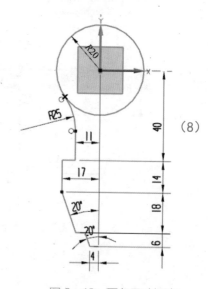

图 2-42　圆角预览　　　　　　　　图 2-43　圆角尺寸标注

5. 镜像轮廓线并修剪多余线条

（1）依次执行"菜单"→"插入"→"来自曲线集的曲线"→"镜像曲线"命令 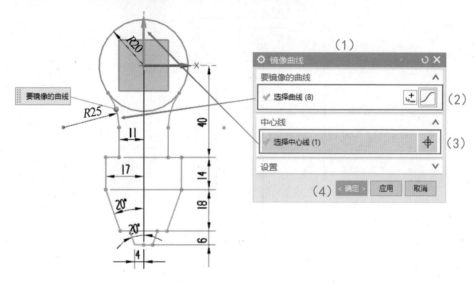 镜像曲线(M)...，弹出"镜像曲线"对话框，如图2-44所示。

（2）选中除顶部大圆（$R20$）以外的曲线作为要镜像的曲线。

（3）选中Y轴作为镜像中心线，系统会自动生成镜像预览图，如图2-44所示。

（4）单击"确定"按钮 确定 ，完成所选曲线的镜像。

图2-44　镜像曲线

（5）依次执行"菜单"→"编辑"→"曲线"→"快速修剪"命令 ↓ 快速修剪(Q)...，或者直接执行"草图工具"工具条中的"快速修剪"命令 ↓ ，将多余线条修剪掉。最终效果如图2-45所示。

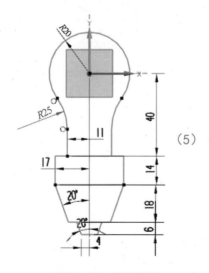

图2-45　修剪曲线

（6）执行"草图"工具条上的"完成"命令，退出草图绘制界面。

 任务检测

绘制如图 2-46 所示的草图轮廓。

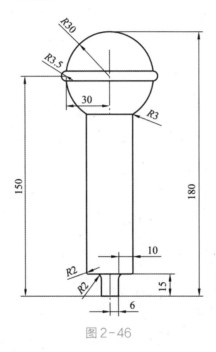

图 2-46

 在线测试

扫一扫　测一测

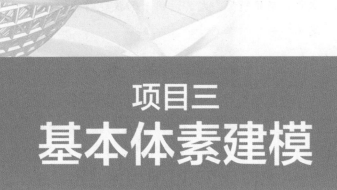

项目三
基本体素建模

● —— 项目导读 ——

　　在 UG NX 12.0 中，基本体素建模是必须掌握的基本技能之一，它通过插入基本体素（如圆柱、长方体、球体、圆锥体）建立规则实体模型。UG NX 12.0 中提供基本体素的模板，因此，建模时只需要调用模板并输入简单的参数就可以建立复杂的模型，尤其适用于形状规则的模型的建立。

● —— 思政园地 ——

　　深入实施《中国制造 2025》，加快推进制造强国建设，是我国工业未来一个时期重要的战略任务。今年政府工作报告提出培育精益求精的工匠精神，努力改善产品和服务供给，在全社会引起广泛关注。我国制造业正处在提质增效的关键时期，培育和弘扬工匠精神，不仅是传承优秀文化和价值观，更是破解制造业转型发展难题、推动产业迈向中高端的务实举措。

任务目标

【知识目标】

1.掌握创建圆锥凸台、圆柱、圆锥体的方法

2.掌握创建长方体方法

3.熟悉布尔操作方法

【能力目标】

1.能用"圆锥"命令、"圆柱"命令、"长方体"命令

2.能对所创建的基本体素，如圆锥凸台、圆柱、圆锥体、长方体进行定位

3.能应用"布尔操作"命令，对基本体素进行相加、相减、求交

任务设定

根据如图3-1所示参数，运用基本体素相关命令完成钉子零件的建模。

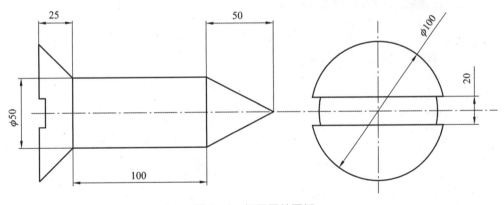

图3-1　钉子零件图纸

任务解析

钉子零件模型包含的体素类型较多，主要为圆柱、圆锥体、长方体等形状规则的实体，因此可以应用插入基本体素的方式来创建模型。

▶ **任务实施**

钉子零件模型的建模步骤如图 3-2 所示。

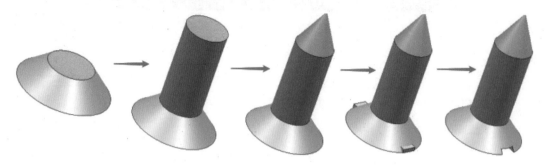

图 3-2 钉子零件模型的建模步骤

1. 创建圆锥凸台

（1）打开软件，进入建模界面，依次执行"菜单"→"插入"→"设计特征"→"圆锥"命令 🅰 圆锥(O)...，弹出如图 3-3 所示的"圆锥"对话框，在"类型"下拉列表中选择"直径和高度"选项。

（2）系统默认基准坐标系的原点和ZC轴分别为"指定点"和"指定矢量"，在"尺寸"区域中，输入"底部直径"、"顶部直径"和"高度"，其数值分别为100、50、25。

（3）单击"确定"按钮 确定 ，完成圆锥凸台创建，效果如图 3-4 所示。

图 3-3 "圆锥"对话框

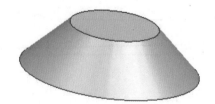

图 3-4 创建圆锥凸台

2. 创建圆柱

（1）依次执行"菜单"→"插入"→"设计特征"→"圆柱"命令 🔲 圆柱(C)...，弹出如图 3-5 所示的"圆柱"对话框，在"类型"下拉列表中选择"轴、直径和高度"选项。

（2）系统默认基准坐标系的原点和ZC轴为"指定点"和"指定矢量"，单击指定点右侧的"点对话框"按钮 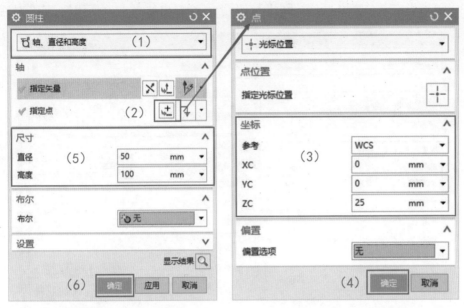，弹出如图3-6所示的"点"对话框。

图3-5 "圆柱"对话框　　　　图3-6 "点"对话框

（3）在"点"对话框"坐标"区域中设置XC、YC、ZC，其数值分别为0、0、25。

（4）单击"点"对话框中的"确定"按钮 ，系统自动返回"圆柱"对话框。

（5）在"尺寸"区域中输入圆柱的直径和高度，其数值分别为50和100。

（6）单击"确定"按钮 ，完成圆柱创建，效果如图3-7所示。

图3-7 创建圆柱

3. 创建圆锥体

（1）依次单击"菜单"→"插入"→"设计特征"→"圆锥"命令 圆锥(O)...，弹出如图3-8所示的"圆锥"对话框，在"类型"下拉列表中选择"直径和高度"选项。

（2）利用"轴"区域中的"矢量构造器"命令 <kbd>ZC↑ ▾</kbd>，将圆锥体的轴的方向设定为"ZC"方向。

（3）单击指定点右侧的"点对话框"按钮 <kbd>+...</kbd>，会弹出如图 3-9 所示的"点"对话框。

图 3-8 "圆锥"对话框   图 3-9 "点"对话框

（4）在"点"对话框"坐标"区域中设置 XC、YC、ZC，其数值分别为 0、0、125。

（5）单击"点"对话框中的"确定"按钮 <kbd>确定</kbd>，系统自动返回"圆柱"对话框。

（6）在"尺寸"区域中，输入"底部直径"、"顶部直径"和"高度"，其数值分别为 50、0、50。

（7）单击"确定"按钮 <kbd>确定</kbd>，完成圆锥体创建，效果如图 3-10 所示。

图 3-10 创建圆锥体

4. 创建长方体

（1）依次执行"菜单"→"插入"→"设计特征"→"长方体"命令 ◻ 长方体(K)... ，弹出如图 3-11 所示的"长方体"对话框。在"尺寸"区域中，将"长度""高度""宽度"的值分别改为 100、20、5。

（2）单击"原点"区域中的"点对话"框按钮 ，弹出如图 3-12 所示的"点"对话框。

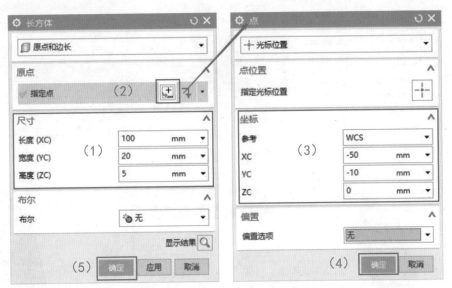

图 3-11　"长方体"对话框　　　　图 3-12　"点"对话框

（3）在"点"对话框"坐标"区域中设置 XC、YC、ZC，其数值分别为 -50、-10、0。

（4）单击"确定"按钮 确定 ，将返回"长方体"对话框。

（5）再次单击"确定"按钮 确定 ，完成长方体的创建。

5. 布尔操作

（1）依次执行"菜单"→"插入"→"组合"→"合并"命令 ◻ 合并(U)... ，弹出如图 3-13 所示的"合并"对话框。

（2）选择一个目标体和两个工具体。（注意：目标体只有一个，工具体可以有多个。）

（3）单击"确定"按钮 确定 ，完成布尔合并操作。

（4）依次执行"菜单"→"插入"→"组合"→"减去"命令 ◻ 减去(S)... ，选择目标体为"创建圆锥体"中的合并体，选择"创建长方体"中的长方体为工具体。如图 3-14 所示。

（5）单击"确定"按钮 确定 ，完成布尔减去操作。最终效果如图 3-15 所示。

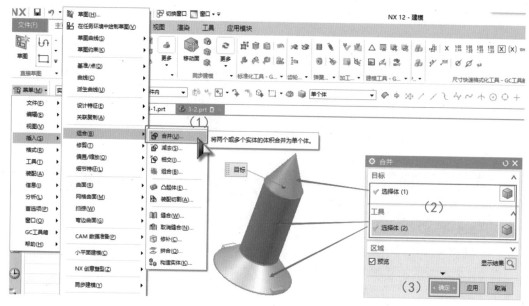

图 3-13　布尔合并操作

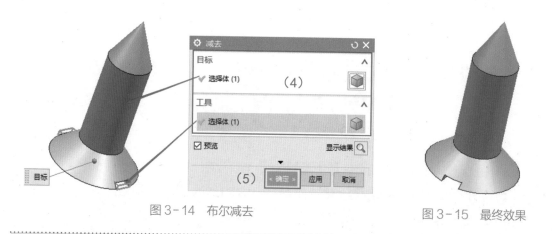

图 3-14　布尔减去

图 3-15　最终效果

> **要点提示**：进行布尔操作时，目标体与工具体之间必须存在公共的部分，否则无法进行布尔运算。

6. 保存模型文件

依次执行"菜单"→"文件"→"保存"命令，将建好的模型保存到默认的目录下。除此之外，还可以执行"另存为"命令，将模型以其他名称保存到其他目录。

 任务检测

利用基本体素相关命令和给定的模型尺寸，建立如图 3-16 所示的模型。

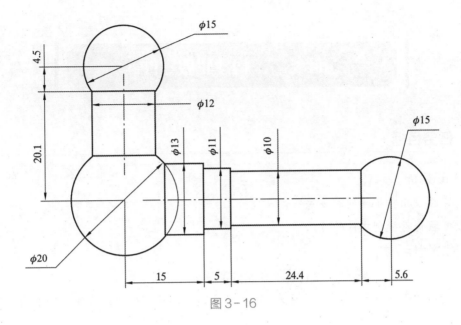

φ15
4.5
φ12
φ13
φ11
φ10
φ15
20.1
φ20
15
5
24.4
5.6

图 3-16

任务二　构建轮毂零件

 任务目标

【知识目标】

1.掌握使用特征阵列的方法

2.掌握保存模型文件的方法

【能力目标】

1.能用"阵列特征"命令进行基本体素关联复制

2.能用"保存"命令或者"另存为"命令对已建好的模型文件进行保存的能力

 任务设定

根据如图 3-17 所示参数，运用基本体素相关命令完成轮毂零件的建模。

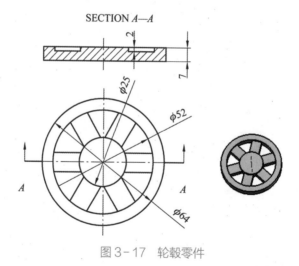

图 3-17　轮毂零件

 任务解析

圆柱状轮毂零件模型的形状规则，可以应用基本体素中的"圆柱""长方体""阵列特征"等命令创建模型。

任务实施

圆柱状轮毂零件的建模步骤如图 3-18 所示。

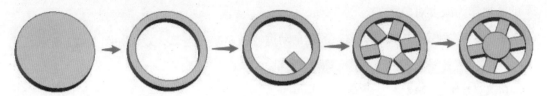

图 3-18　圆柱状轮毂零件的建模步骤

1. 创建圆柱 1

（1）进入建模界面，依次执行"菜单"→"插入"→"设计特征"→"圆柱"命令 圆柱(C)... ，弹出如图 3-19 所示的"圆柱"对话框，在"类型"下拉列表中选择"轴、直径和高度"选项。

（2）"轴"区域采用默认设置，系统默认基准坐标系的原点和 ZC 轴分别为"指定点"和"指定矢量"，在"尺寸"区域中，输入圆柱的直径和高度，数值分别为 64 和 7。

（3）单击"确定"按钮 确定 ，圆柱 1 创建完毕，效果如图 3-20 所示。

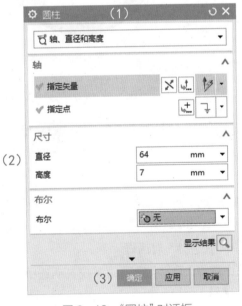

图 3-19　"圆柱"对话框

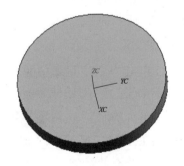

图 3-20　创建圆柱 1

2. 创建圆柱 2 并求差

（1）依次执行"菜单"→"插入"→"设计特征"→"圆柱"命令 圆柱(C)... ，弹出如图 3-21 所示的"圆柱"对话框，在"类型"下拉列表中选择"轴、直径和高度"选项。

（2）"轴"区域采用默认设置，系统默认基准坐标系的原点和ZC轴分别为"指定点"和"指定矢量"，在"尺寸"区域中，输入圆柱的直径和高度值，分别为 52 和 7。

（3）在"布尔"区域中，"布尔"下拉菜单中选择"减去"选项，系统自动将"创建圆柱1"的圆柱作为减去对象。

（4）单击"确定"按钮 确定 ，系统自动进行布尔减去运算，效果如图 3-22 所示。

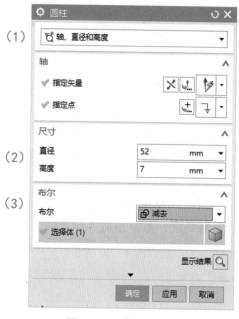

图 3-21 "圆柱"对话框

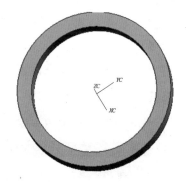

图 3-22 布尔减去运算

3. 创建长方体

（1）依次执行"菜单"→"插入"→"设计特征"→"长方体"命令 长方体(K)... ，弹出如图 3-23 所示的"长方体"对话框。在"尺寸"区域中，将长度、高度、宽度的值分别改为 20、10、5。

（2）单击"原点"区域中的"点对话框"按钮 ，弹出如图 3-24 所示的"点"对话框。

（3）修改"点"对话框"坐标"区域中XC、YC、ZC的值，分别输入 10、-5、0。

（4）单击"确定"按钮 确定 ，系统将返回"长方体"对话框。

（5）在"布尔"区域中，"布尔"下拉菜单中选择"合并"选项，系统自动选中之前的空心圆柱体作为合并对象。

（6）再次单击"确定"按钮 确定 ，系统自动进行布尔合并运算，完成长方体创建。

图 3-23　"长方体"对话框

图 3-24　"点"对话框

4.阵列长方体特征

（1）依次执行"菜单"→"插入"→"关联复制"→"阵列特征"命令 ，弹出如图 3-25 所示的"阵列特征"对话框。在"要形成阵列的特征"区域中，选择"创建长方体"中创建的"长方体"为"选择特征"的对象。

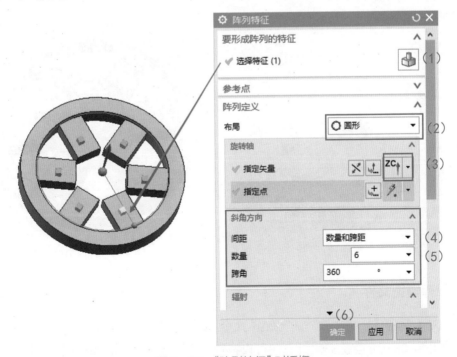

图 3-25　"阵列特征"对话框

（2）在"阵列定义"区域中，"布局"选项选择"圆形"。

（3）设置"指定矢量"方向为"ZC"，设置"指定点"作为任意圆柱体的圆弧边界的圆心。

（4）修改"间距"类型为"数量和跨距"。

（5）修改"数量"和"跨角"的值分别为 6 和 360。

（6）单击"确定"按钮 确定 ，完成其余 5 个长方体的创建。

5. 创建圆柱体

（1）依次执行"菜单"→"插入"→"设计特征"→"圆柱"命令 圆柱(C)... ，弹出如图 3-26 所示的"圆柱"对话框，在"类型"下拉列表中选择"轴、直径和高度"选项。

（2）"轴"区域采用默认设置，系统默认基准坐标系的原点和ZC轴分别为"指定点"和"指定矢量"，在"尺寸"区域中，输入圆柱的直径和高度值，分别为 25 和 7。

（3）在"布尔"区域中，"布尔"下拉菜单中选择"合并"选项，系统自动选中之前的所有实体作为合并对象。

（4）单击"确定"按钮 确定 ，系统自动进行布尔合并运算，效果如图 3-27 所示。

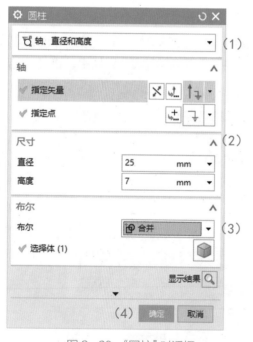

图 3-26 "圆柱"对话框

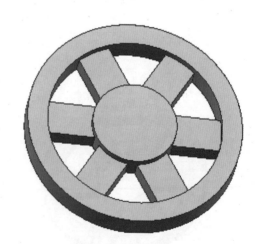

图 3-27 布尔合并

6. 保存模型文件

依次执行"菜单"→"文件"→"保存"命令 保存(S) ，将建好的模型保存到默认的目录下，如图 3-28 所示。除此之外，还可以执行"另存为"命令 另存为(A)... ，将模型以其他名称保存到其他目录。

图 3-28　保存文件

 任务检测

利用基本体素相关命令，建立如图 3-29 所示的模型。

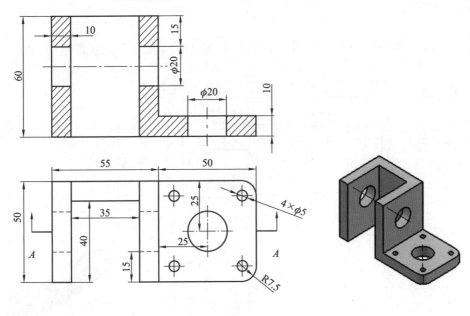

图 3-29

任务目标

【知识目标】

1.掌握创建基准平面的方法

2.掌握创建键槽的方法

【能力目标】

1.能用"基准平面"命令创建基准平面

2.能用"键槽"命令创建键槽

3.理解键槽的定位方式，能运用合适的定位方式对键槽进行精确定位

 任务设定

根据如图 3-30 所示参数，运用基本体素相关命令完成轴零件的建模。

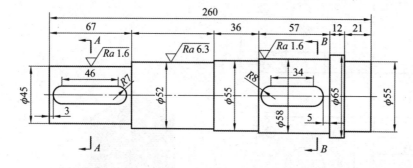

图 3-30　轴零件

任务解析

该轴零件模型由多个圆柱和 2 个键槽组成，形状规则，因此可以使用插入基本体素的方式来创建模型。

 任务实施

轴零件的建模步骤如图 3-31 所示。

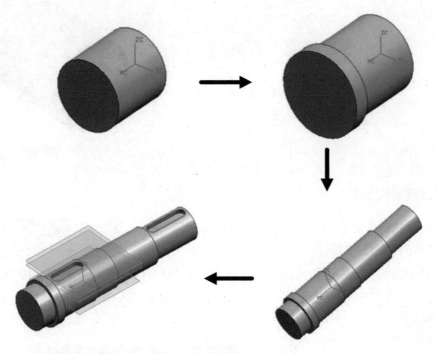

图 3-31　轴零件的建模步骤

1. 创建圆柱

（1）进入建模界面，依次执行"菜单"→"插入"→"设计特征"→"圆柱"命令 圆柱(C)...，弹出如图 3-32 所示的"圆柱"对话框，在"类型"下拉列表中选择"轴、直径和高度"选项。

（2）利用"轴"区域中的"矢量构造器"，将圆柱的轴的方向设定为"XC"方向。

（3）在"尺寸"区域中，输入圆柱的直径和高度，其数值分别为 58 和 57。

（4）单击"确定"按钮 确定，完成圆柱创建，效果如图 3-33 所示。

图 3-32 "圆柱"对话框

图 3-33 创建圆柱

2. 创建圆柱凸台 1

（1）依次执行"菜单"→"插入"→"设计特征"→"凸台"命令 ![凸台(B)]，弹出如图 3-34 所示的"支管"对话框。（注意：① UG NX 12.0 版本进行过相似命令的整合，"凸台"命令默认处于隐藏状态，请使用命令查找器，输入"凸台" ![凸台]，按"Enter"键进行命令调用；②因软件汉化问题，在 UG NX 12.0 版本中"凸台"对话框将显示为"支管"对话框，下同。）

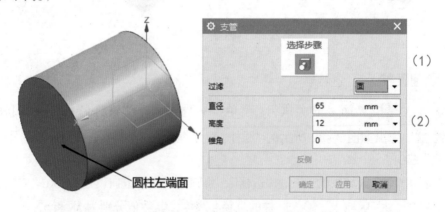

图 3-34 创建圆柱凸台 1

（2）在"支管"对话框中的过滤器下拉列表中选择"面"选项，输入"直径""高度""锥角"，其数值分别为 65、12、0，然后单击"创建圆柱"中的圆柱左端面，作为凸台的放置面，如图 3-34 所示。

（3）单击"确定"按钮 确定 ，弹出如图 3-35 所示的"定位"对话框。（注意：因为没有几何约束，所以生成的凸台位置存在偏移。）

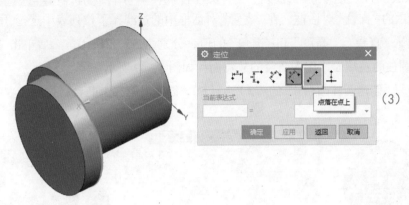

图 3-35 "定位"对话框

（4）在"定位"对话框中选择"点到点"选项 ，弹出"点到点"对话框，如图 3-36 所示。

（5）左键单击选择与凸台接触的圆柱端面的边界线作为目标对象，弹出"设置圆弧位置"对话框，如图 3-37 所示。

（6）选择"圆弧中心"选项，完成目标对象选择，此时凸台会在目标对象圆弧中心的约束下自动对正，从而完成该凸台的位置调整，效果如图 3-38 所示。

图 3-36 定位圆柱凸台   图 3-37 "设置圆弧的位置"对话框

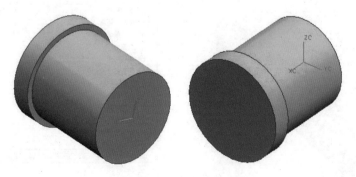

图 3-38 完成凸台创建

3. 创建圆柱凸台 2

（1）依次执行"菜单"→"插入"→"设计特征"→"凸台"命令 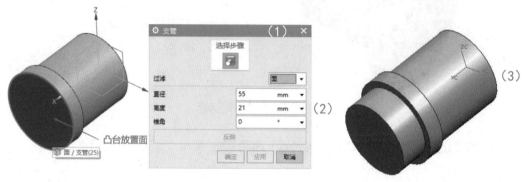 凸台(B)...，弹出如图 3-39 所示的"支管"对话框，在"支管"对话框中的过滤器下拉列表中选择"面"选项。

（2）输入"直径"、"高度"和"锥角"的值，分别为 55、21、0，然后单击"创建圆柱凸台 1"中圆柱的左端面，作为凸台的放置面，如图 3-39 所示。

（3）重复"创建圆柱凸台 1"的（3）~（6），创建出第二个凸台，如图 3-40 所示。

图 3-39　设定凸台参数　　　　　图 3-40　创建第二个凸台

4. 创建其余凸台

根据已知尺寸，参照"创建圆柱凸台 1"和"创建圆柱凸台 2"，创建圆柱右端面的 4 个凸台，完成效果如图 3-41 所示。

5. 创建基准平面

（1）依次执行"菜单"→"插入"→"基准/点"→"基准平面"命令 □ 基准平面(D)...，弹出如图 3-42 所示的"基准平面"对话框，在对话框中的"类型"下拉列表中选择"XC-YC 平面"。

图 3-41　创建其余凸台　　　　　图 3-42　"基准平面"对话框

（2）单击"确定"按钮 确定 ，完成基准平面 1 的创建，如图 3-43 所示。

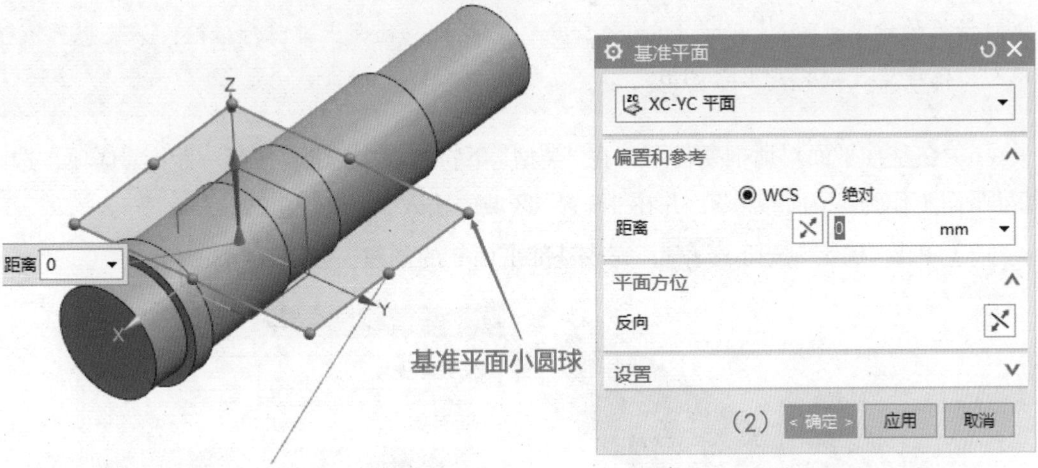

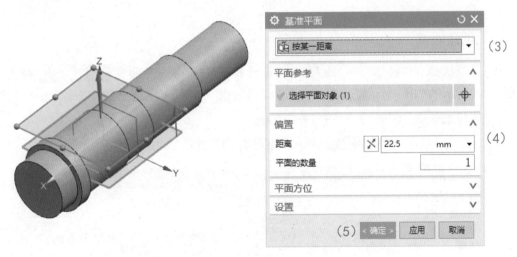

图 3-43 创建基准平面 1

要点提示： 调整基准平面的大小可以通过鼠标左键拖动小圆球来实现。

（3）再次执行"菜单"→"插入"→"基准/ 点"→"基准平面"命令 基准平面(D)... ，弹出如图 3-44 所示的"基准平面"对话框，在对话框中的"类型"下拉列表中选择"按某一距离"选项。

图 3-44 创建基准平面 2

（4）选中基准平面 1 作为"平面参考"，并在"偏置"区域中输入"距离"，其数值为22.5。

（5）单击"应用"按钮 应用 ，完成基准平面 2 的创建，如图 3-44 所示。

> **要点提示**：单击【应用】按钮 应用 ，完成命令，但不退出当前对话框，可重复执行该对话框的命令；单击【确定】按钮 确定 ，完成命令且退出当前对话框，如果想再执行该对话框命令，则需要重新调用。

（6）在基准平面对话框条件下，在"类型"下拉列表中选择"按某一距离"选项，选中基准平面 1 作为"平面参考"，并在"偏置"区域中输入"距离"值 29。

（7）单击"确定"按钮 确定 ，完成基准平面 3 的创建，如图 3-45 所示。

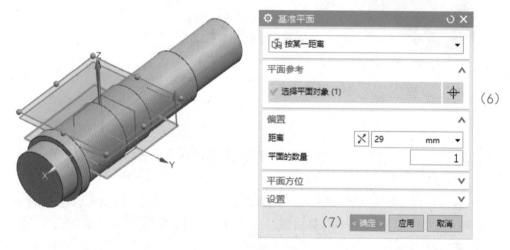

图 3-45　创建基准平面 3

6. 创建键槽

（1）依次执行"菜单"→"插入"→"设计特征"→"键槽"命令 键槽(L) ，弹出如图 3-46 所示的"槽"对话框，选择类型为"矩形槽"选项。（注意："键槽"命令在"菜单"中默认为隐藏状态，需要通过"查找命令" 键槽 调用。）

（2）单击"确定"按钮 确定 ，弹出"矩形槽"对话框，如图 3-47 所示。

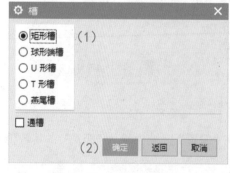

图 3-46　"槽"对话框

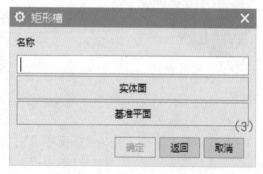

图 3-47　"矩形槽"对话框

（3）选择"基准平面"选项，弹出"选择对象"对话框，如图 3-48 所示。

图 3-48　选择基准平面 2

（4）选中基准平面 2，此时"选择对象"对话框中的"确定"按钮会被点亮，单击"确定"按钮 确定 ，弹出一个新的对话框。

（5）在弹出的对话框中选择"接受默认边"选项，然后单击"确定"按钮 确定 ，弹出"水平参考"对话框，如图 3-49 所示。

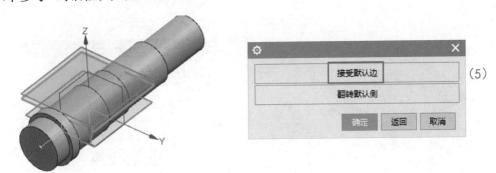

图 3-49　接受默认边

（6）在弹出"水平参考"对话框的条件下，单击如图 3-50 所示的圆柱面，（注意：此时系统将自动以该圆柱面的轴线作为键槽生成的水平参考，这是为了方便对键槽进行水平定位。）弹出如图 3-51 所示的"矩形槽"对话框。

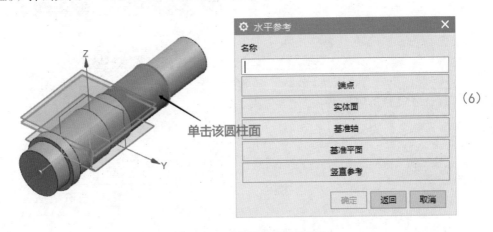

图 3-50　"水平参考"对话框

图 3-51　设定矩形槽参数

（7）在弹出的"矩形槽"对话框中，按图纸给定数据输入参数，本例的长度为 60，宽度为 14，深度为 5.5，如图 3-51 所示。单击"确定"按钮 确定 ，弹出如图 3-52 所示的"定位"对话框。（注意：此时系统已自动生成一个键槽，可以将视图显示方式改为"静态线框" 静态线框(W) 进行观察。）

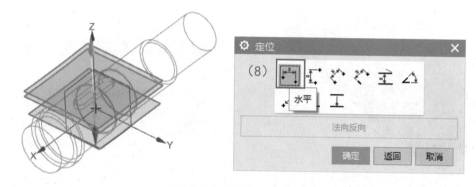

图 3-52　"定位"对话框

（8）在弹出的"定位"对话框中，单击"水平"命令 ，弹出如图 3-53 所示的"水平"对话框。

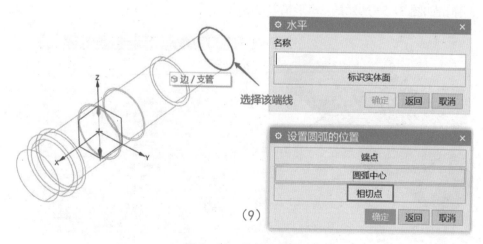

图 3-53　选择右端线

（9）在弹出"水平"对话框的条件下，选择右端圆柱的右端线，在随后弹出的"设置圆弧位置"对话框中单击"相切点"。

（10）在保持"水平"对话框的条件下，选择键槽的右边界线，如图 3-54 所示，在弹出的"设置圆弧位置"对话框中单击"相切点"。

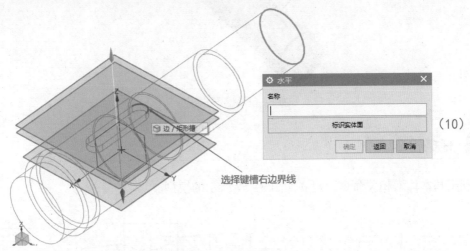

图 3-54　选择右边界线

（11）系统弹出"创建表达式"对话框，修改其值为 3，如图 3-55 所示。单击"确定"按钮 ▢确定▢ ，退回到"定位"对话框界面，此时仍然单击"确定"按钮 ▢确定▢ ，即可完成键槽 1 的创建。

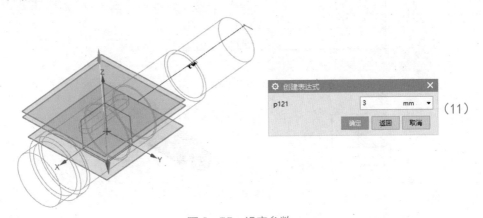

图 3-55　设定参数

（12）利用相同的方法创建键槽 2，效果如图 3-56 所示。（注意：此时应该选择基准平面 3 作为键槽 2 生成的基础。）

7. 保存模型文件

依次执行"菜单"→"文件"→"保存"命令，将建好的模型保存到默认的目录下。除此之外，还可以执行"另存为"命令，将模型以其他名称保存到其他目录。

图 3-56　创建键槽 2

 任务检测

利用基本体素相关命令，建立如图 3-57 所示的模型。

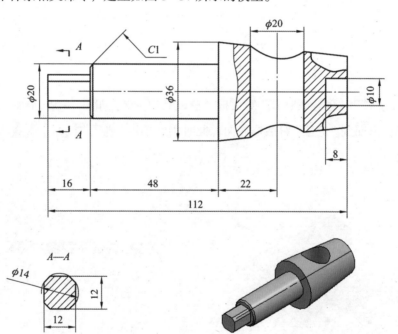

图 3-57

 在线测试

扫一扫　测一测

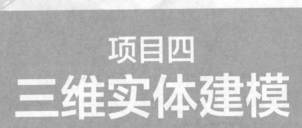

项目四
三维实体建模

　　三维实体建模是利用 UG NX 12.0 中的特征操作命令（如拉伸、旋转、扫掠）来建立复杂实体模型的一种方法。因为实体模型的形状千变万化，不可能都是规则形状，所以利用基本体素无法完成复杂模型的创建，而通过特征操作命令来建模。另外，特征命令还可以实现多个特征一次成型，与基本体素相比效率更高。

　　所谓三维模型是物体的多边形表示，通常用计算机或者其他视频设备进行显示。显示的物体可以是现实世界的实体，也可以是虚构的物体。任何物理自然界存在的东西都可以用三维模型表示。

任务一 构建灯座零件三维模型

任务目标

【知识目标】

1.掌握创建拉伸特征的方法

2.掌握保存模型文件的方法

【能力目标】

1.能用"拉伸"命令创建拉伸实体

2.能用"保存"命令或者"另存为"命令对已建好的模型文件进行保存

任务设定

根据如图4-1所示的灯座零件图纸，完成灯座零件的建模。

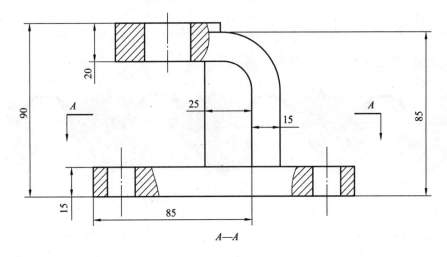

A—A

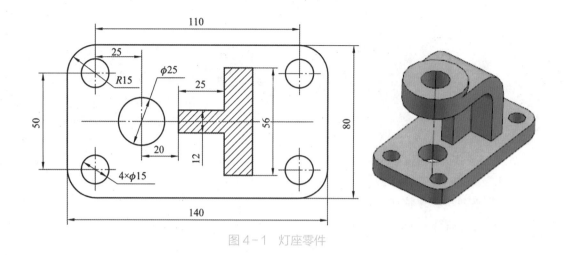

图 4-1 灯座零件

 任务解析

普通灯座零件的模型和基本体素模型相比，形状比较复杂且不规则，无法直接运用现有的基本体素模型来创建。因此，需要利用特征命令来进行建模。本例中零件特征多是直壁，可以应用"拉伸"命令 ⬚ 拉伸(X)... 来进行建模。

▶ 任务实施

普通灯座零件的建模步骤如图 4-2 所示。

图 4-2 普通灯座零件的建模步骤

1. 创建底座

（1）进入建模界面，依次执行"菜单"→"插入"→"在任务环境中绘制草图"命令 🔳 在任务环境中绘制草图(V)，弹出如图 4-3 所示的"创建草图"对话框。

（2）直接单击"确定"按钮 确定 ，进入草图绘制界面。

（3）在草图界面中执行草图命令和约束命令，绘制如图 4-4 所示的图形。完成后单击"草图"工具条中的"完成"按钮 🏁，退出草图绘制界面。

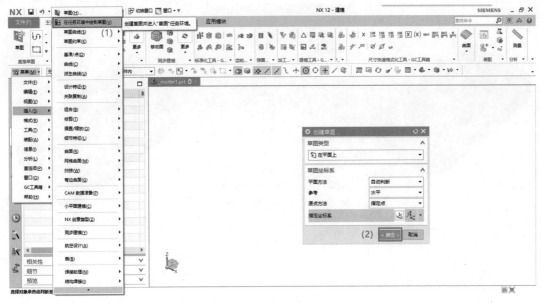

图4-3　进入草图绘制界面

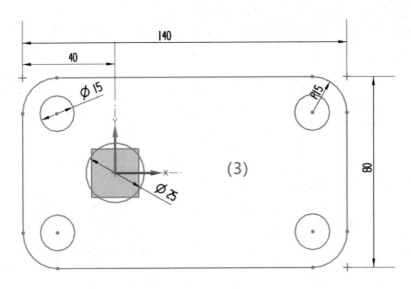

图4-4　创建草图

（4）依次执行"菜单"→"插入"→"设计特征"→"拉伸"命令 📖 拉伸(X)... ，弹出如图4-5所示的"拉伸"对话框。选择第（3）步草绘的曲线作为截面线，系统会自动在绘图区域生成该曲线的拉伸预览图，如图4-5所示。

（5）在"极限"区域中，将"结束距离值"更改为15。

（6）在"布尔"区域中，将布尔运算选项设置为"无"。

（7）单击"确定"按钮 确定 ，完成拉伸特征创建，拉伸效果如图4-6所示。

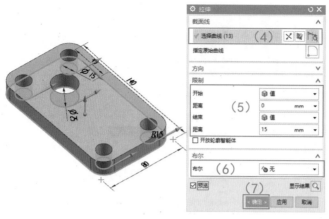

图 4-5 "拉伸"对话框

图 4-6 拉伸结果

2. 创建中间支撑部分

（1）将鼠标移动到建模界面左侧的"部件导航器"，右键单击"基准坐标系"按钮 ☑☒ 基准坐标系 (0)，弹出如图 4-7 所示的菜单。

（2）在弹出的菜单中使用鼠标左键单击"显示"按钮 ☒ 显示(S)，此时，基准坐标系会在模型界面中显示出来，如图 4-8 所示。

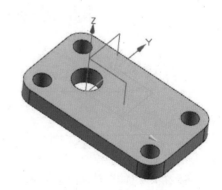

图 4-7 显示基准坐标系

图 4-8 坐标系显示

（3）依次执行"菜单"→"插入"→"在任务环境中绘制草图"命令 ☒ 在任务环境中绘制草图(V)，弹出如图 4-9 所示的"创建草图"对话框。

（4）单击选中 X-Z 平面作为草图绘制平面。

（5）单击"确定"按钮 确定，进入草图绘制界面。

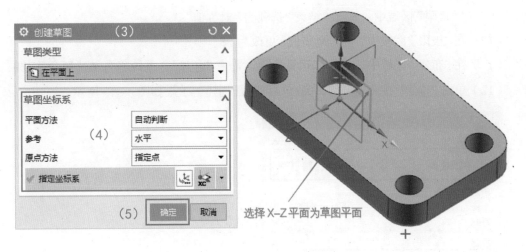

图4-9　指定X-Z平面为草图平面

要点提示：在执行草图命令 [在任务环境中绘制草图(V)] 的时候，系统会弹出"创建草图"对话框，如果直接单击对话框中的"确定"按钮 [确定] ，系统将默认以X-Y平面（俯视图平面）作为草图绘制平面，而如果需要在其他平面（如前视图XZ，或左视图YZ）绘制草图，就必须手动选择。

（6）执行"视图"工具条中的"带边着色"命令 右侧的扩展菜单按钮，弹出如图4-10所示的扩展选项，选择其中的"带有隐藏边的线框"选项 [带有隐藏边的线框] ，将实体模型以透明线框的形式显示出来。

（7）在草图界面中执行草图命令和约束命令，绘制如图4-11所示的封闭图形。完成后单击"草图"工具条中的"完成"按钮 ，退出草图界面。

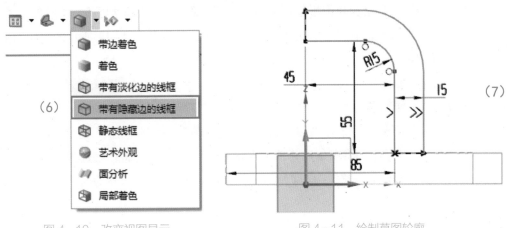

图4-10　改变视图显示　　　　　　图4-11　绘制草图轮廓

（8）依次执行"菜单"→"插入"→"设计特征"→"拉伸"命令 [拉伸(X)...] ，弹出如图4-12所示的"拉伸"对话框。选择第（7）步在草图中绘制的曲线为截面线。

（9）在"极限"区域中，选择"结束"选项为"对称值"。

（10）在"极限"区域中，将"距离值"更改为28。

（11）在"布尔"区域中，将布尔运算选项设置为"合并"，系统将自动选择合并对象。

（12）单击"确定"按钮 确定 ，完成拉伸特征创建，效果如图4-13所示。

图4-12 "拉伸"对话框

图4-13 对称拉伸结果

3. 创建中间筋板

（1）插入草图，以X-Z为草图平面进入草图界面。将"视图"选项更改为"带有隐藏边的线框"选项，在草图界面中利用草图命令和约束命令，绘制如图4-14所示的封闭图形。完成后退出草图界面。

（2）依次执行"菜单"→"插入"→"设计特征"→"拉伸"命令 拉伸(X)... ，弹出如图4-15所示的"拉伸"对话框，选择如图4-14所示的草绘曲线为截面线。

（3）在"极限"区域中，选择"结束"选项为"对称值"，将"距离值"更改为6。

（4）在"布尔"区域中，将布尔运算选项设置为"合并"，系统将自动选择合并对象。

（5）单击"确定"按钮 确定 ，完成拉伸特征创建，效果如图4-16所示。

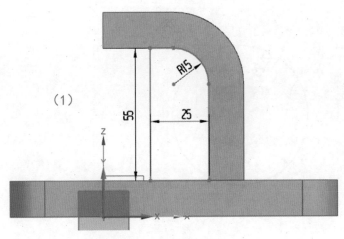

图4-14 筋板草图

图4-15 "拉伸"对话框

图4-16 对称拉伸结果

4. 创建顶部空心圆柱

（1）依次单击"菜单"→"插入"→"在任务环境中绘制草图"命令 在任务环境中绘制草图(V) ，弹出"创建草图"对话框；直接单击"确定"按钮 确定 ，进入草图界面；在草图界面中执行草图命令和约束命令，绘制如图4-17所示的大小圆。完成后退出草图界面。

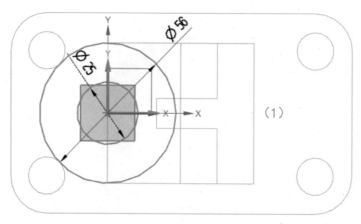

图 4-17　绘制大小圆

（2）依次执行"菜单"→"插入"→"设计特征"→"拉伸"命令 `拉伸(X)…`，弹出如图 4-18 所示的"拉伸"对话框，选择如图 4-19 所示的草绘图形中的大圆 $\phi56$ 作为截面线。

（3）在"极限"区域中，输入"开始→距离"值 90，"结束→距离"值 70。

（4）在"布尔"区域中，将布尔运算选项设置为"合并"，系统将自动选择合并对象。

（5）单击"确定"按钮 `确定`，完成拉伸特征创建。

图 4-18　"拉伸"对话框

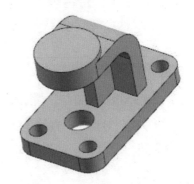

图 4-19　拉伸合并结果

（6）依次执行"菜单"→"插入"→"设计特征"→"拉伸"命令 `拉伸(X)…`，弹出如

图 4-20 所示的"拉伸"对话框,选择如图 4-21 所示的草绘图形中的小圆 Φ25 作为截面线。

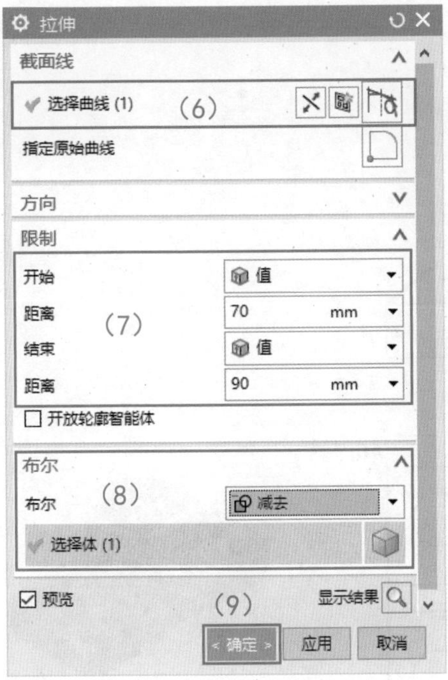

图 4-20 "拉伸"对话框

图 4-21 拉伸减去结果

(7)在"极限"区域中,输入"开始→距离"值 90,"结束→距离"值 70。

(8)在"布尔"区域中,将布尔运算选项设置为"减去",系统将自动选择减去对象。

(9)单击"确定"按钮 确定 ,完成拉伸特征创建。

5. 保存文件

依次执行"菜单"→"文件"→"保存"命令 保存(S) ,将建好的模型保存到默认的目录下,如图 4-22 所示。除此之外,还可以执行"另存为"命令 另存为(A)... ,将模型以其他名称保存到其他目录。

图 4-22 文件保存

UG NX 12.0 造型设计

任务检测

根据如图 4-23 所示的尺寸完成实体建模

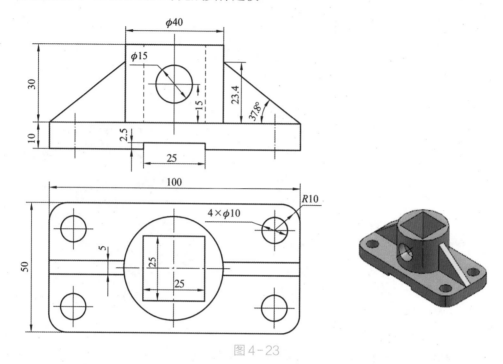

图 4-23

— 82

任务二 构建话筒零件三维模型

 任务目标

【知识目标】

1. 掌握创建回转体特征的方法

2. 掌握创建倒圆角特征的方法

3. 掌握阵列几何特征的方法

【能力目标】

1. 能用"旋转"命令创建回转实体

2. 能用"边倒圆"命令创建倒圆角

任务设定

根据如图 4-24 所示的图纸，完成话筒零件的建模。

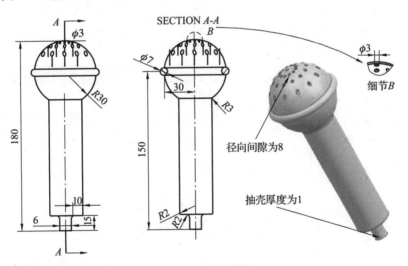

图 4-24 话筒零件

 任务解析

话筒零件模型的基本特征为回转体，因此主要运用特征"旋转"命令 旋转(R)... 建模，包括话筒主体特征以及小圆环。由于话筒内部中空，所以要运用"抽壳"命令 抽壳(H)... 生成薄壁实体，顶部的麦克风孔可以通过"阵列特征"命令 完成。

▶ 任务实施

话筒零件的建模步骤如图4-25所示。

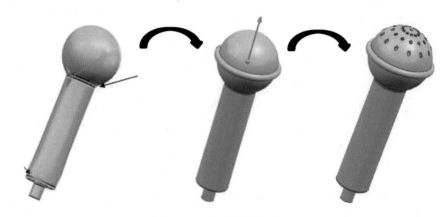

图4-25　话筒零件的建模步骤

1. 创建话筒轮廓

（1）执行"创建草图"命令，选择X-Z平面为草图平面，单击"确定"按钮 确定 ，进入草图界面，如图4-26所示。

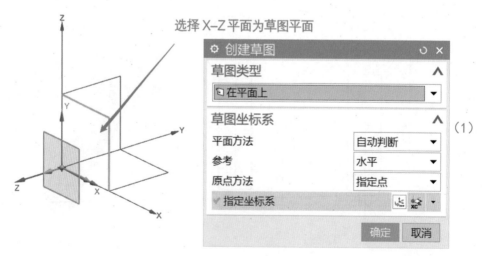

图4-26　创建草图

（2）在草图界面中执行草图命令和约束命令，绘制如图4-27所示的图形，完成后退出草图界面。

（3）依次执行"菜单"→"插入"→"设计特征"→"旋转"命令 旋转(R)... ，弹出如图4-28所示的"回转"对话框，选择如图4-27所示的草图曲线为截面线。

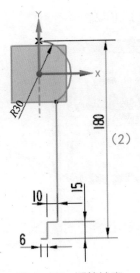

图 4-27　话筒轮廓

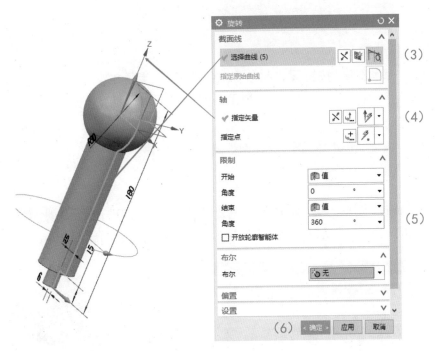

图 4-28　设定回转参数

（4）单击 Z 轴，使其作为回转轴线"指定矢量"。

（5）在"限制"栏中输入"开始"值 0，"结束"值 360，选择"布尔"运算为无。

（6）单击"确定"按钮 确定 ，完成回转体的创建。

2. 倒圆角

（1）依次执行"菜单"→"插入"→"细节特征"→"边倒圆"命令 边倒圆(E).. ，弹出如
图 4-29 所示的"边倒圆"对话框，选择话筒底部的两条边作为"要倒圆的边"，然后"形状"

选择为"圆形"选项,输入"半径 1"值 2。

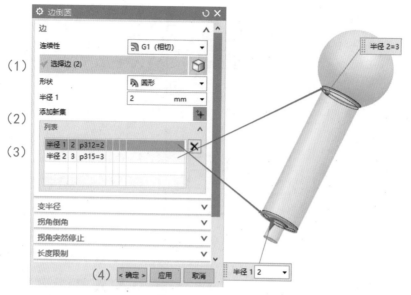

图 4-29 边倒圆

(2)单击"添加新集"按钮 ⬛,此时"半径 1"变为"半径 2"。

(3)选择话筒颈部的一条边作为"要倒圆的边",形状不变,输入"半径 2"值 3,单击鼠标中键确认。

(4)单击"确定"按钮 ⬛,完成两处倒圆角的创建。

3. 抽壳

(1)依次执行"菜单"→"插入"→"偏置/缩放"→"抽壳"命令 ⬛ 抽壳(H)...,弹出如图 4-30 所示的"抽壳"对话框,"类型"选择为"移除面,然后抽壳"选项。

图 4-30 抽壳

(2)选择话筒底面作为"要穿透的面"。

（3）设定"厚度"值 1。

（4）单击"确定"按钮 确定 ，完成抽壳操作。

4. 创建回转环

（1）插入草图，以 X–Z 为草图平面进入草图界面，在草图界面中执行草图命令和约束命令，绘制如图 4–31 所示的图形。完成后退出草图界面。

（2）依次执行"菜单"→"插入"→"设计特征"→"旋转"命令 旋转(R)... ，弹出如图 4–32 所示的"旋转"对话框，选择图 4–31 中的草图曲线作为截面线。

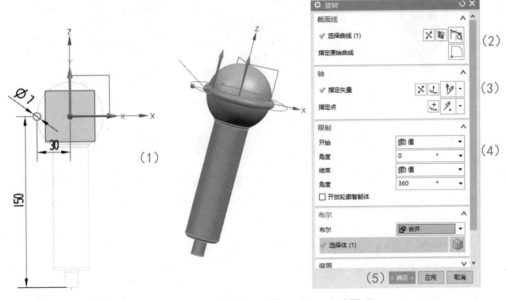

图 4–31　创建圆　　　　　　　　图 4–32　生成圆环

（3）单击 Z 轴，作为回转轴线"指定矢量"。

（4）在"限制"栏中输入"开始"值 0，"结束"值 360，选择"布尔"运算为"合并"，选择话筒实体作为合并对象。

（5）单击"确定"按钮 确定 ，完成回转体创建。

5. 创建话筒顶部麦克风孔

（1）依次执行"菜单"→"插入"→"设计特征"→"圆柱"命令 圆柱(C)... ，弹出如图 4–33 所示的"圆柱"对话框，在"类型"下拉列表中选择"轴、直径和高度"选项。

（2）执行"轴"区域中的"矢量构造器"选为 ZC ，将圆柱的轴的方向设定为"ZC"方向。

（3）在"尺寸"区域中，输入圆柱的直径和高度，其数值分别为 3 和 50。

（4）选择布尔运算为"减去"，以话筒主体为减去对象。

（5）单击"确定"按钮 确定 ，完成中心孔创建，效果如图 4–33 所示。

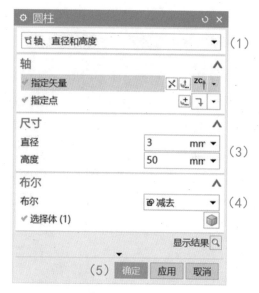

图 4-33 创建中心孔

6. 圆孔的图样特征

（1）依次执行"菜单"→"插入"→"关联复制"→"阵列特征"命令 阵列特征(A)... ，弹出如图 4-34 所示的"阵列特征"对话框，选择话筒顶部中心孔特征作为"要形成阵列的特征"。

（2）在"阵列定义"区域中，选择布局为"圆形"。

（3）在"旋转轴"区域中，"指定矢量"为 ZC 轴，"指定点"为坐标系原点。

（4）在"斜角方向"区域中，选择间距为"数量和间隔"，然后输入数量和节距角，其数值分别为 12 和 30。

（5）勾选"创建同心成员"，取消勾选"包含第一个圆"，选择间距为"数量和间隔"，然后输入数量和节距值，其数值分别为 4 和 8。此时，将会在建模界面显示图样预览，如图 4-34 所示。

（6）单击"确定"按钮 确定 ，完成孔的阵列特征创建。最终效果如图 4-35 所示。

7. 保存文件

依次执行"菜单"→"文件"→"保存"命令，将建好的模型保存到默认的目录下。除此之外，还可以执行"另存为"命令，将模型以其他名称保存到其他目录。

图 4-34 创建孔的图样特征　　　　　　　　　　图 4-35 话筒完成效果

 任务检测

根据如图 4-36 所示的尺寸完成实体建模。

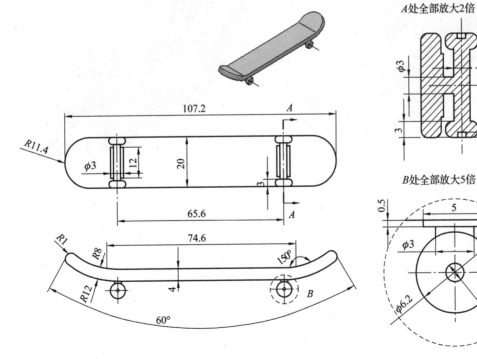

图 4-36

任务三 构建箱体零件三维模型

 任务目标

【知识目标】

1.掌握创建基本体素的方法

2.掌握布尔操作的方法

【能力目标】

1.能用"基本体素"命令，创建各种基本体素

2.能用"布尔操作"命令，对所创建的实体进行相加、相减、求交

任务设定

根据如图4-37所示的图纸，完成箱体零件的建模。

图4-37 箱体零件

任务解析

箱体零件的建模步骤如图4-38所示。

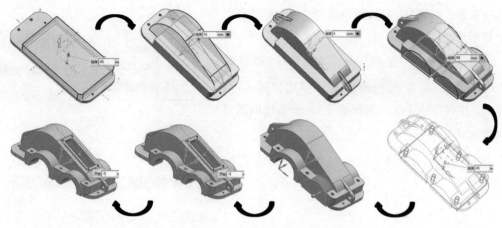

图4-38　箱体零件的建模步骤

1. 创建底座1

（1）依次执行"菜单"→"插入"→"在任务环境中绘制草图"命令 [在任务环境中绘制草图(V)]，弹出"创建草图"对话框。在不改变任何选项的情况下，直接单击"确定"按钮 [确定]，进入草图绘制界面，如图4-39所示。

（2）在该草图绘制界面中执行草图绘制命令和约束命令，绘制如图4-40所示的图形。

图4-39　创建草图

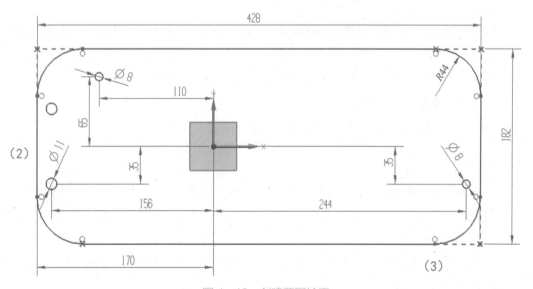

图4-40　创建草图轮廓

（3）单击"草图"工具条中的"完成"按钮 ，退出草图界面，如图 4-41 所示。

（4）依次执行"菜单"→"插入"→"设计特征"→"拉伸"命令 <kbd>拉伸(X)...</kbd>，弹出如图 4-42 所示的"拉伸"对话框，选择第（3）步草绘的图形作为截面线。

图 4-41　退出草图界面

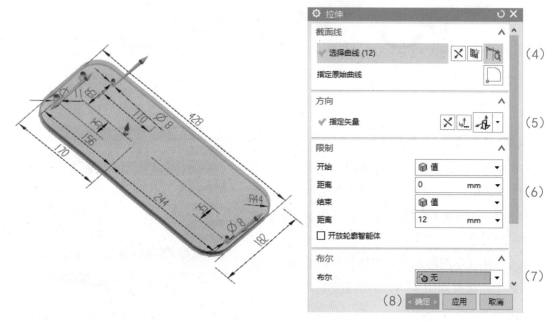

图 4-42　创建拉伸体

（5）系统会自动选择与该图形垂直的方向矢量作为草图拉伸的"方向"，或者手动选择ZC轴为拉伸"方向"。

（6）修改"拉伸"对话框中"限制"一栏的"结束"选项，填写距离值12。

（7）选择"布尔"运算为"无"。

（8）单击"确定"按钮 <kbd>确定</kbd>，即可完成底座的创建。

2. 创建底座 2

（1）依次执行"菜单"→"插入"→"在任务环境中绘制草图"命令 <kbd>在任务环境中绘制草图(V)</kbd>，弹出"创建草图"对话框，在不改变任何选项的情况下，单击"确定"按钮 <kbd>确定</kbd>，进入草图界面，如图 4-43 所示。

（2）在该草图界面中执行草图绘制命令和约束命令，绘制如图 4-44 所示图形。（注：因约束冲突，故设置"146""148""128"3 个尺寸为参考尺寸。）

图 4-43　创建草图

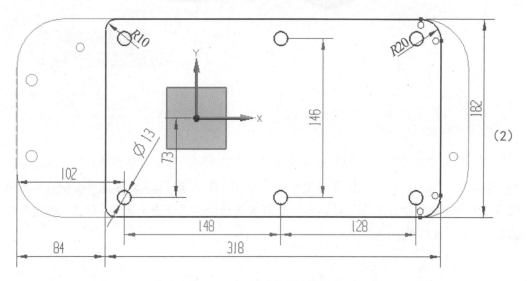

图 4-44　创建草图轮廓

（3）单击"草图"工具条中的"完成"按钮 ，退出草图界面，如图 4-45 所示。

（4）依次执行"菜单"→"插入"→"设计特征"→"拉伸"命令 拉伸(X)...，弹出如图 4-46 所示的"拉伸"对话框，选择第（2）步草绘的矩形外框作为截面线。

图 4-45　退出草图界面

（5）系统自动选择与该图形垂直的方向矢量作为草图拉伸的"方向"或者手动选择 ZC 轴为拉伸"方向"。

（6）修改"拉伸"对话框中"限制"一栏的"结束"选项，填写距离值 45。

（7）选择"布尔"运算为"合并"选项，选择之前创建的底座 1 作为合并对象。

（8）单击"确定"按钮 确定 ，如图 4-46 所示。

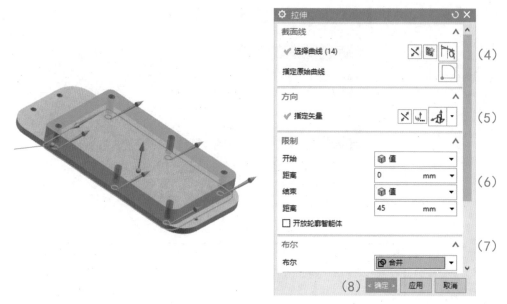

图 4-46　创建拉伸体

3. 创建弧形盖

（1）显示基准坐标系，模型显示方式由"带边着色"改为"静态线框"，然后依次执行"菜单"→"插入"→"在任务环境中绘制草图"命令 🔲 在任务环境中绘制草图(V)，弹出如图 4-47 所示的"创建草图"对话框，选择 X-Z 平面为"草图平面"，单击"确定"按钮 确定，进入草图界面。

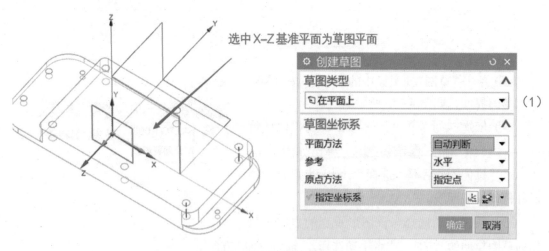

图 4-47　选取草图平面

（2）在该草图界面中执行草图绘制命令和约束命令，绘制如图 4-48 所示图形。

（3）单击"草图"工具条中的"完成"按钮 🏁，退出草图绘制界面，如图 4-49 所示。

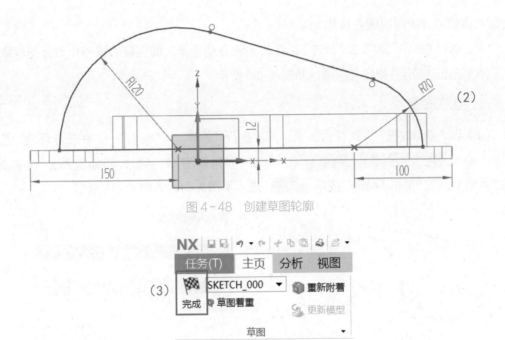

图4-48　创建草图轮廓

图4-49　退出草图绘制界面

（4）以"带边着色"方式显示模型，执行下拉菜单"插入"→"设计特征"→"拉伸"命令 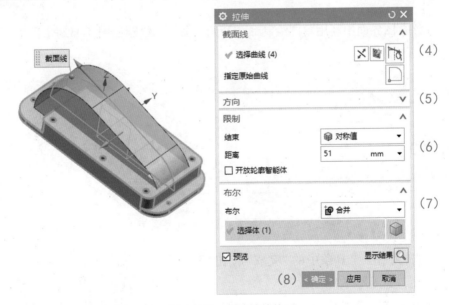 拉伸(X)…，弹出如图4-50所示的"拉伸"对话框，选择第（3）步草绘图形作为截面线。

图4-50　创建拉伸体

（5）系统自动选择与该图形垂直的方向矢量作为草图拉伸的"方向"，或者可以手动选择YC轴为拉伸"方向"。

（6）在"限制"区域中，选择"结束"类型为"对称值"选项，输入距离值51，模型将会以对称值的方式向两侧各拉伸 51。

（7）选择"布尔"运算为"合并"选项，系统自动选择之前创建的模型作为合并对象。

（8）单击"确定"按钮 确定 ，如图 4-50 所示。

4. 创建筋板

（1）以"静态线框"方式显示模型，依次执行"菜单"→"插入"→"在任务环境中绘制草图"命令 在任务环境中绘制草图(V) ，弹出"创建草图"对话框，手动选择 X—Z 平面作为"草图平面"，单击"确定"按钮 确定 ，进入草图界面，如图 4-51 所示。

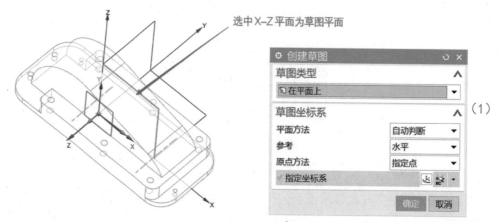

图 4-51 创建草图

（2）在该草图界面中利用草图绘制命令和约束命令，绘制如图 4-52 所示的图形。

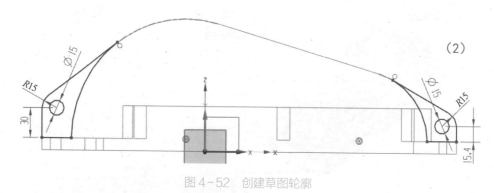

图 4-52 创建草图轮廓

（3）单击"草图"工具条中的"完成"按钮，退出草图界面，如图 4-53 所示。

（4）依次执行"菜单"→"插入"→"设计特征"→"拉伸"命令 拉伸(X)... ，弹出如图 4-54 所示的"拉伸"对话框，选择第（2）步的草绘图形作为截面线。

图 4-53 退出草图界面

（5）系统自动选择与该图形垂直的方向矢量作为草图拉伸的"方向"，或者手动选择

YC轴为拉伸"方向"。

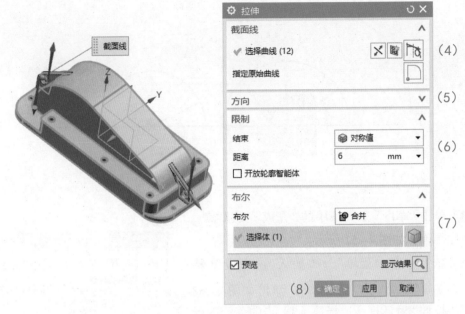

图4-54 创建拉伸体

（6）在"限制"区域中，选择"结束"类型为"对称值"选项，输入距离值6，模型将会以对称值的方式向两侧各拉伸6。

（7）选择"布尔"运算为"合并"选项，系统自动选择之前创建的模型为合并对象。

（8）单击"确定"按钮 确定 ，如图4-54所示。

5. 创建实心半圆柱

（1）依次执行"菜单"→"插入"→"在任务环境中绘制草图"命令 在任务环境中绘制草图(V) ，弹出"创建草图"对话框，手动选择X—Z平面作为"草图平面"，选择XC作轴为"草图方位"参考，单击"确定"按钮 确定 ，进入草图绘制界面，如图4-55所示。

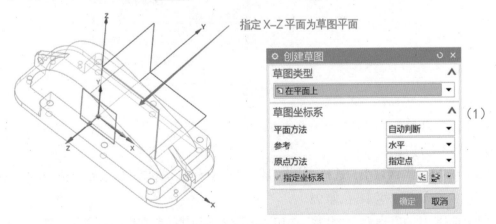

图4-55 创建草图

（2）在该草图界面中执行草图绘制命令和约束命令，绘制如图4-56所示图形。

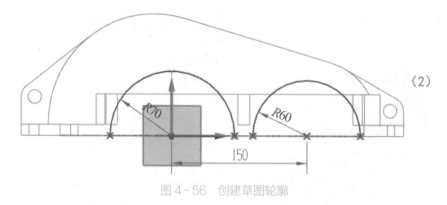

图4-56　创建草图轮廓

（3）单击"草图"工具条中的"完成"按钮 ，退出草图界面，如图4-57所示。

（4）依次执行"菜单"→"插入"→"设计特征"→"拉伸"命令 拉伸(X)... ，弹出如图4-58所示的"拉伸"对话框，选择第（2）步的草绘图形作为截面线。

图4-57　退出草图界面

图4-58　创建拉伸体

（5）系统自动选择与该图形垂直的方向矢量作为草图拉伸的"方向"，或者手动选择YC轴为拉伸"方向"。

（6）在"限制"区域中，选择"结束"类型为"对称值"选项，输入距离值98，模型将会以对称值的方式向两侧各拉伸98。

（7）选择"布尔"运算为"合并"选项，选择之前创建的所有模型为合并对象。

（8）单击"确定"按钮 确定 ，结果如图 4-58 所示。

6. 创建通孔

（1）依次执行"菜单"→"插入"→"设计特征"→"拉伸"命令 拉伸(X)... ，弹出如图 4-59 所示的"拉伸"对话框，更改"曲线规则"为"单条曲线"，然后选择"创建底座 2"中草绘图形的 6 个小圆作为截面线。

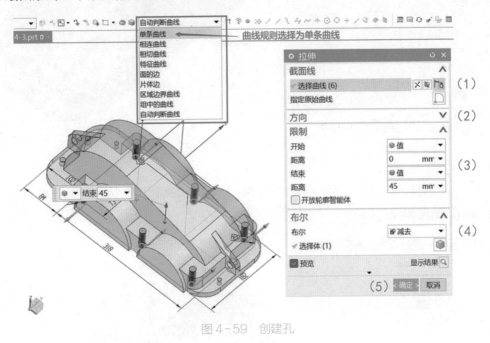

图 4-59　创建孔

（2）系统自动选择与该图形垂直的方向矢量作为草图拉伸的"方向"，或者手动选择 ZC 轴为拉伸"方向"。

（3）修改"拉伸"对话框中"限制"一栏的"结束"选项，输入距离值 45。

（4）选择"布尔"运算为"减去"选项，系统自动选择之前创建的模型为减去对象。

（5）单击"确定"按钮 确定 ，即可完成创建。

（6）依次执行"菜单"→"插入"→"设计特征"→"圆柱"命令 圆柱(C)... ，弹出如图 4-60 所示的"圆柱"对话框。在"类型"下拉列表中选择"轴、直径和高度"选项。

（7）单击第（6）步中的圆柱面，系统将自动以该圆柱面的中心轴作为新圆柱的轴的方向，单击圆心点作为新圆柱生成的起点。

（8）在"尺寸"区域中，输入圆柱的"直径"和"高度"，数值分别为 100 和 200。

（9）"布尔"运算选择为"减去"选项，系统自动选择之前创建的所有模型为减去对象。

（10）单击"确定"按钮 确定 ，完成创建。

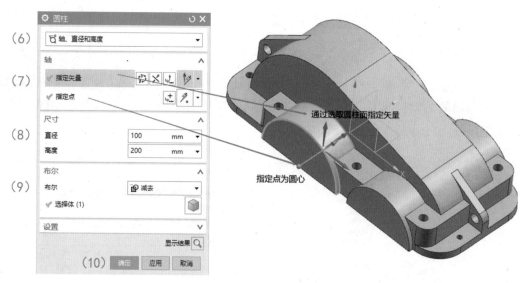

图 4-60　创建圆孔 1

（11）用同样的方法创建另一侧的空心圆孔，设置"直径"和"高度"，其数值分别为 80 和 200，如图 4-61 所示。

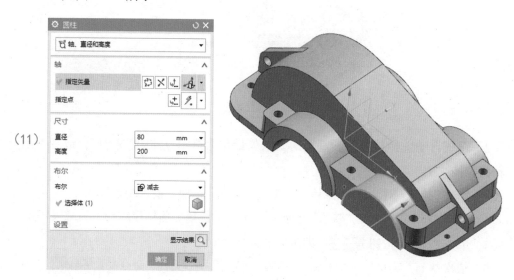

图 4-61　创建圆孔 2

7. 创建中间空心部分

（1）依次执行"菜单"→"插入"→"在任务环境中绘制草图"命令 ，弹出"创建草图"对话框，手动选择 X—Z 平面作为"草图平面"，选择 XC 轴作为"草图方位"参考对象，如图 4-62 所示，单击"确定"按钮 ，进入草图绘制界面。

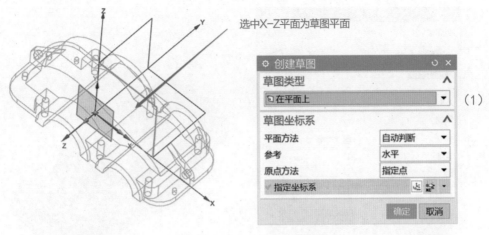

选中X-Z平面为草图平面

图 4-62　选择草图平面

（2）在该草图界面中执行草图绘制命令和"几何约束"命令 几何约束(T)... ，绘制如图 4-63 所示图形。

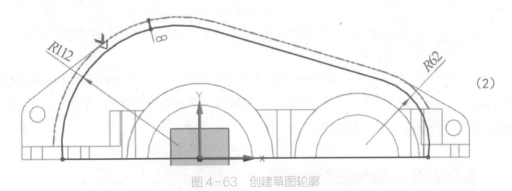

图 4-63　创建草图轮廓

（3）单击"草图"工具条中的"完成"选项，退出草图界面，如图 4-64 所示。

（4）依次执行"菜单"→"插入"→"设计特征"→"拉伸"命令 拉伸(X)... ，弹出如图 4-65 所示的"拉伸"对话框，选择第（2）步的草绘图形为截面线。

图 4-64　退出草图界面

（5）系统自动选择与该图形垂直的方向矢量作为草图拉伸的"方向"，或者手动选择 YC 轴为拉伸"方向"。

（6）在"限制"区域中，选择"结束"类型为"对称值"选项，输入距离值 43，模型将以对称值的方式向两侧各拉伸 43。

（7）选择"布尔"运算为"合并"选项，系统自动选择之前创建的模型为合并对象。

（8）单击"确定"按钮 确定 。

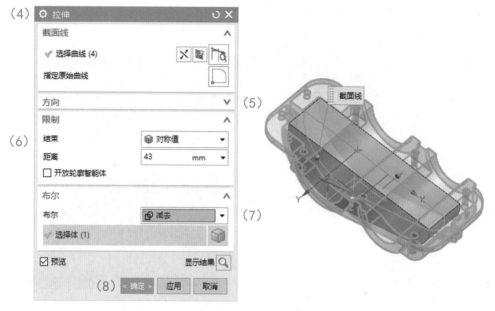

图 4-65　创建对称拉伸体

8. 创建观察孔

（1）依次执行"菜单"→"插入"→"在任务环境中绘制草图"命令 ，弹出如图 4-66 所示的"创建草图"对话框，选取弧形拱的斜平面作为"草图平面"，单击"确定"按钮 确定，进入草图绘制界面。

图 4-66　选择草图平面

（2）在该草图界面中执行草图绘制命令和约束命令，绘制如图 4-67 所示图形。

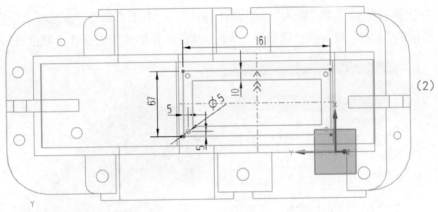

图 4-67 创建草图轮廓

（3）单击"草图"工具条中的"完成"选项 ，退出草图界面，如图 4-68 所示。

（4）依次执行"菜单"→"插入"→"设计特征"→"拉伸"命令 拉伸(X)... ，弹出如图 4-69 所示的"拉伸"对话框，选择第（2）步草绘图形的矩形外框作为截面线。

图 4-68 退出草图界面

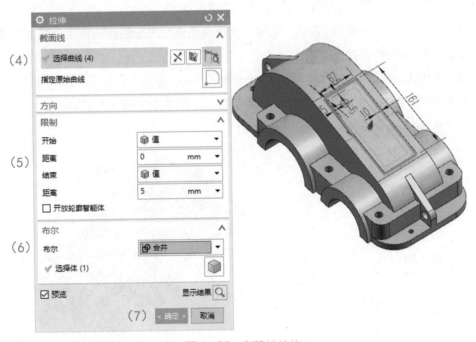

图 4-69 创建拉伸体

（5）矢量方向保持默认。设定开始值为 0，结束值为 5。

（6）选择"布尔"运算为"合并"选项，系统自动选择之前创建的模型为合并对象。

（7）单击"确定"按钮 确定 。

（8）再次执行下拉菜单"插入"→"设计特征"→"拉伸"命令 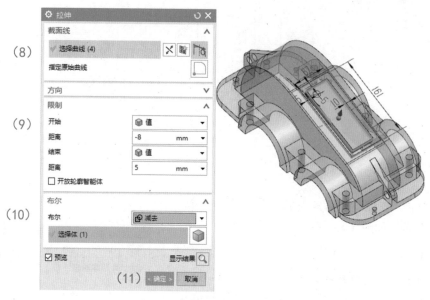 拉伸(X)... ，弹出如图4-70所示的"拉伸"对话框，选择第（7）步草绘图形的矩形内框作为截面线。

图 4-70　创建拉伸孔

（9）矢量方向保持默认；设定开始值-8，结束值5。

（10）选择"布尔"运算为"减去"选项，系统自动选择之前创建的模型为减去对象。

（11）单击"确定"按钮 确定 。

（12）依次执行"菜单"→"插入"→"设计特征"→"拉伸"命令 拉伸(X)... ，弹出如图4-71所示的"拉伸"对话框，选择上一步草绘图形的4个小圆作为截面线。

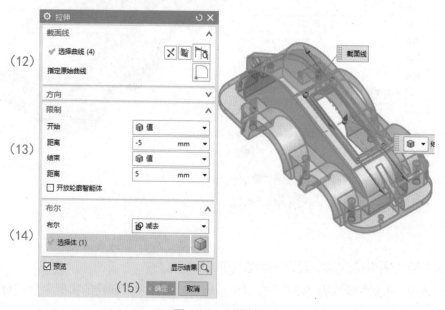

图 4-71　创建孔

（13）矢量方向保持默认；设定开始值-5，结束值5。

（14）选择"布尔"运算为"减去"选项，系统自动选择之前创建的模型为减去对象。

（15）单击"确定"按钮 确定 。

9. 创建侧面圆孔

（1）依次执行"菜单"→"插入"→"设计特征"→"孔"命令 孔(H)... ，弹出如图 4-72 所示的"孔"对话框。

（1）

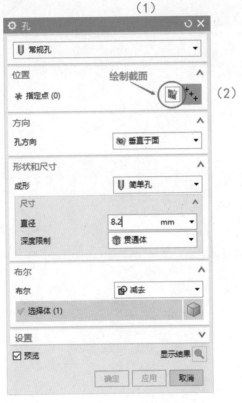

图 4-72　"孔"对话框

（2）执行"位置"组中的"绘制截面"命令，弹出"创建草图"对话框。

（3）选择圆柱的侧面为草图平面，如图 4-73 所示。

（4）单击"确定"按钮 确定 ，进入草图绘制界面。

（5）在草图界面中绘制如图 4-74 所示的参考线。

（6）依次执行"菜单"→"插入"→"基准"→"点"命令 点(P)... ，弹出如图 4-75 所示的"草图点"对话框。

（3）

（4）

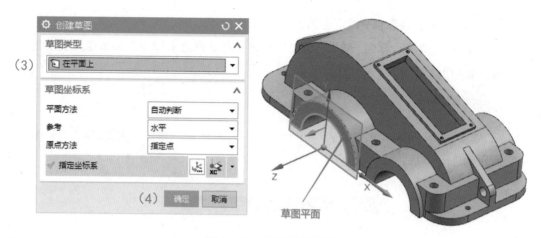

图 4-73　选择草图平面

（5）

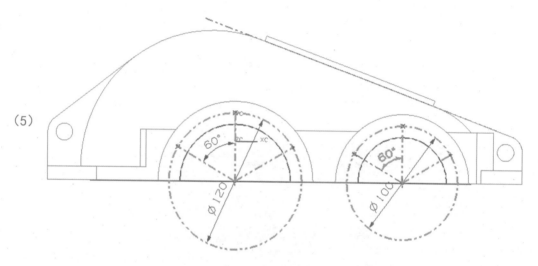

图 4-74　创建参考线

（7）

（6）

（10）

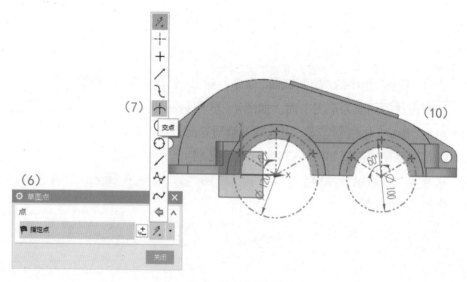

图 4-75　创建点

（7）将"指定点"类型由默认的"快速" ⚡ 改为"交点"选项 ⼗ 。

（8）依次单击 $\Phi 120$ 的参考圆和第 1 条斜线，创建第一个交点；再次单击 $\Phi 120$ 的参考圆和第 2 条斜线，创建第 2 个交点；单击 $\Phi 120$ 的参考圆和第 3 条斜线，创建第 3 个交点。然后用同样方法，创建 $\Phi 100$ 的参考圆上对应的 3 个点，如图 4-76 所示。

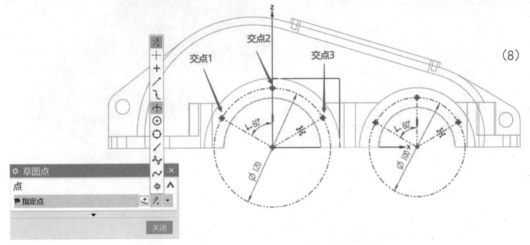

图 4-76　创建点

（9）单击"草图"工具条中的"完成"按钮 🏁 ，退出草图界面，如图 4-77 所示。

图 4-77　退出草图界面

（10）界面自动跳转到建模界面，并回出到"点"对话框，此时 6 个点已经处于被选中的状态。

（11）按图 4-78 所示输入参数。

（12）选择布尔运算为"减去"，系统自动选择之前创建的模型为减去对象。

（13）单击"确定"按钮 确定 ，完成孔的创建。

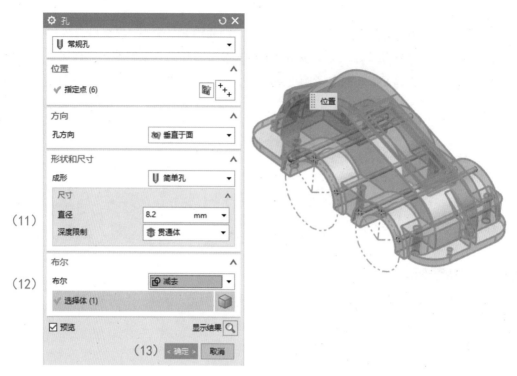

图 4-78　创建孔

10. 转折处倒圆角

（1）依次执行"菜单"→"插入"→"细节特征"→"边倒圆"命令 [图] 边倒圆(E)...，或者直接执行"特征"工具条上的"边倒圆"命令图标 [图]，弹出如图 4-79 所示的"边倒圆"对话框，选择要进行边倒圆的边，形状为"圆形"，半径 1 为"5 mm"，如图 4-79 所示。

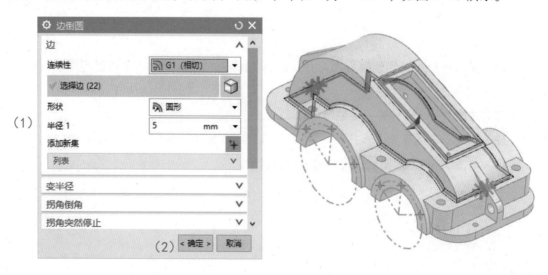

图 4-79　倒圆角 1

（2）单击"应用"按钮 应用 ，完成圆角创建。

（3）选择其他需要倒圆角的边，选择形状为"圆形"，半径1为"10mm"，如图4-80所示，单击"确定"按钮 确定 ，完成创建。

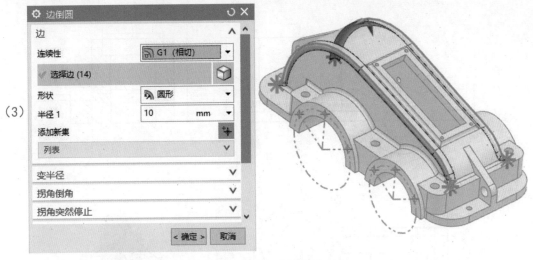

图4-80 倒圆角2

（4）至此，完成整个箱体零件的创建。最终模型效果如图4-81所示。

图4-81 完成图

11. 保存文件

依次执行"菜单"→"文件"→"保存"命令，将建好的模型保存到默认的目录下。除此之外，还可以执行"另存为"命令，将模型以其他名称保存到其他目录。

任务检测

根据如图 4-82 所示的尺寸完成实体建模。

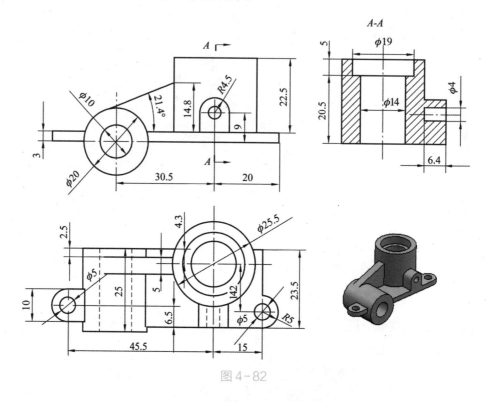

图 4-82

 在线测试

扫一扫 测一测

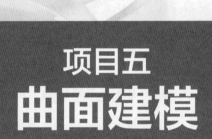

项目五
曲面建模

●— 项目导读 —●

　　曲面建模是利用 UG NX 12.0 中的特征操作命令（如曲面、网格曲面、扫掠）建立复杂曲面模型的一种方法。曲面建模在现实中的应用非常广泛，特别是一些形状不规则的模型，如电话机外壳、耳机外壳等，它们无法完全通过实体建模实现，但可以运用曲面建模构建。

　　通过本项目的学习，理解并掌握曲面建模的基本流程和方法。在此基础上，尝试进行一些复杂曲面模型的创建。

●— 思政园地 —●

　　解决"从无到有""从 0 到 1"的问题，必然迎来进一步的转型与优化，这似乎是工业领域的定律，中国工业发展亦是如此。

任务一　构建奶瓶曲面模型

 任务目标

【知识目标】

1. 掌握创建曲线网格的方法

2. 掌握镜像曲面的方法

3. 熟悉回转面的方法

4. 熟悉扫掠曲面的方法

5. 了解修剪几何体的方法

【能力目标】

1. 能用"通过曲线网格"命令创建曲面轮廓

2. 能用"镜像特征"命令创建镜像曲面

任务设定

根据如图 5-1 所示的曲面模型图，完成奶瓶的建模。

图 5-1　奶瓶模型

 任务解析

该奶瓶模型主要由 3 个部分组成，分别是瓶口、瓶身和把手。其中瓶身形状规则，可

以应用"旋转"命令生成片体;瓶口形状不规则,可以采用"通过曲线网格"命令生成片体;把手的横截面大小不一致,可以应用"扫掠"命令,通过定义多个扫掠界面生成片体。另外还需要注意细节特征,如倒圆角。

 任务实施

奶瓶的建模步骤如图 5-2 所示。

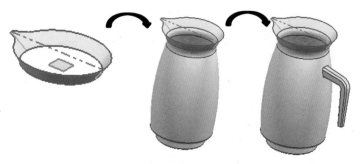

图 5-2 奶瓶的建模步骤

1. 创建草图 1

(1)依次执行"菜单"→"插入"→"在任务环境中绘制草图"命令 <kbd>在任务环境中绘制草图(V)</kbd>,弹出"创建草图"对话框,直接单击"确定"按钮 <kbd>确定</kbd>,系统将自动选择 X-Y 平面作为"草图平面",进入草图绘制界面,如图 5-3 所示。

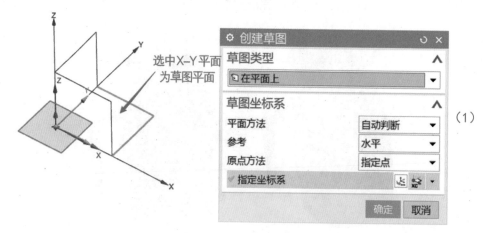

图 5-3 创建草图

(2)在该草图界面中执行草图绘制命令和"几何约束"命令,绘制如图 5-4 所示图形。(注意:先画一半,然后镜像另一半。)

(3)执行"草图界面"工具条中的"完成"命令 ⚑,退出草图绘制界面,如图 5-5 所示。

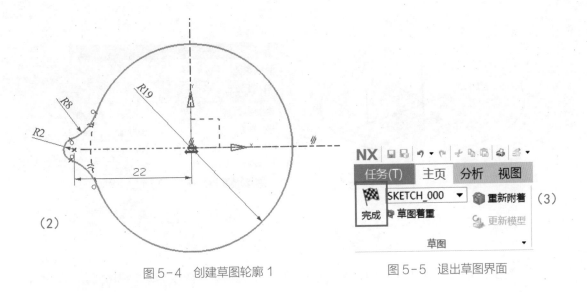

图5-4 创建草图轮廓1

图5-5 退出草图界面

2. 创建基准平面

（1）依次执行"菜单"→"插入"→"基准/点"→"基准平面"命令 ⬜ 基准平面(D)... ，弹出如图5-6所示的"基准平面"对话框。

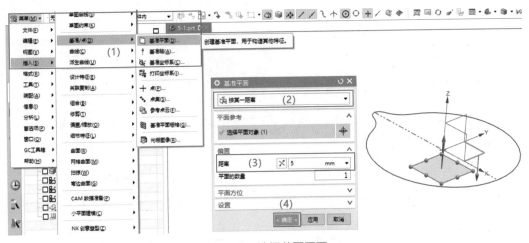

图5-6 选择草图平面

（2）在"类型"下拉列表中选择"按某一距离"选项。

（3）手动选择XC-YC平面作为参考，输入"距离"值5，方向向下。

（4）单击"确定"按钮 确定 ，完成基准平面创建。

3. 创建草图2

（1）依次执行"菜单"→"插入"→"在任务环境中绘制草图"命令 🔧 在任务环境中绘制草图(V)...，弹出"创建草图"对话框，手动选择基准平面1作为"草图平面"，然后单击"确定"按钮 确定 ，进入草图界面，如图5-7所示。

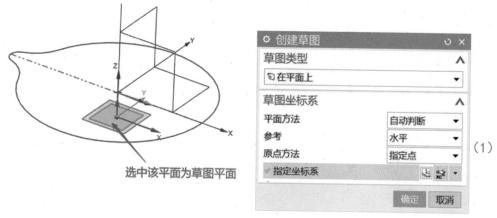

图 5-7　创建草图

（2）在该草图界面中应用草图绘制命令和"几何约束"命令 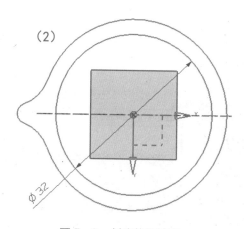 ，绘制如图 5-8 所示图形。

图 5-8　创建草图轮廓

（3）单击"草图界面"工具条中的"完成"命令 ，退出草图绘制界面，如图 5-9 所示。

图 5-9　退出草图绘制界面

4. 创建直线

（1）依次执行"菜单"→"插入"→"曲线"→"直线"命令 ，或着直接执行"草图工具"工具条中的"直线"命令 ，弹出如图 5-10 所示的"直线"对话框，选择"创建草图 1"中的草图 1 的小圆弧的中点作为"起点"。

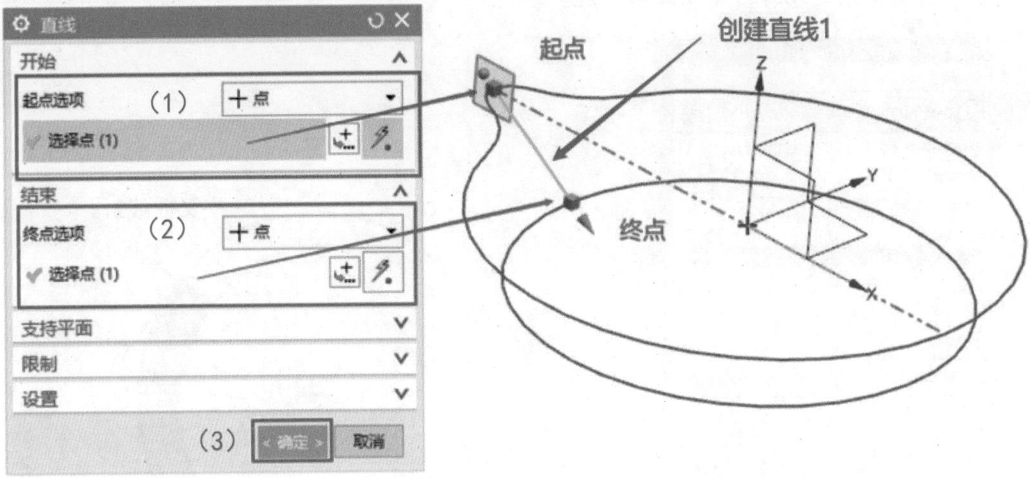

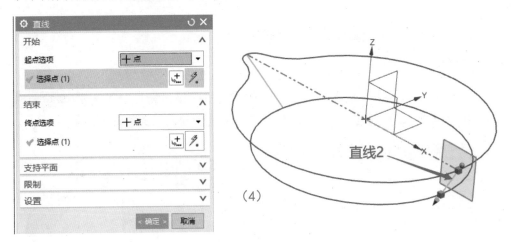

图 5-10　创建直线 1

（2）选择"创建草图 2"中的草图 2 的圆的左象限点作为"终点"。

（3）单击"确定"按钮 确定 ，创建直线 1。

（4）用同样的方法创建直线 2，如图 5-11 所示。

图 5-11　创建直线 2

5. 创建曲线网格

（1）依次执行"菜单"→"插入"→"网格曲面"→"通过曲线网格"命令 通过曲线网格(M)... ，弹出如图 5-12 所示的"通过曲线网格"对话框，单击"主曲线"组中的"选择曲线"，选择"创建草图 1"中的草图 1 的一半轮廓线作为主曲线 1。

（2）单击鼠标中键或者单击"添加新集"按钮 。

（3）选择"创建草图 2"中的草图 2 的轮廓线作为主曲线 2。

（4）单击"交叉曲线"组中的"选择曲线"，选择直线 1。

（5）单击鼠标中键或者单击"添加新集"按钮 ，再选择直线2，此时，图形窗口会自动生成如图5-13所示的曲面图形预览。

图5-12 "通过曲线网格"对话框

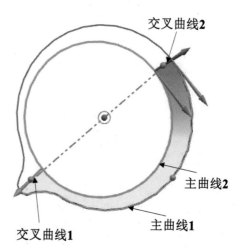

图5-13 主曲线和交叉曲线选取

（6）单击"确定"按钮 确定 ，完成该曲面创建。

6. 镜像曲面

（1）依次执行"菜单"→"插入"→"关联复制"→"镜像特征"命令 镜像特征(R)... ，弹出如图5-14所示的"镜像特征"对话框，选择之前创建的曲面为特征对象。

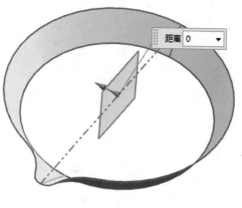

图5-14 镜像曲面

（2）选择XC-ZC平面作为镜像平面，如图5-14所示。

（3）单击"确定"按钮 确定 ，创建镜像曲面。

7. 创建草图 3

（1）依次执行"菜单"→"插入"→"在任务环境中绘制草图"命令 <kbd>在任务环境中绘制草图(V)</kbd>，弹出"创建草图"对话框，手动选择 X-Z 平面作为"草图平面"，然后单击"确定"按钮 <kbd>确定</kbd>，进入草图界面，如图 5-15 所示。

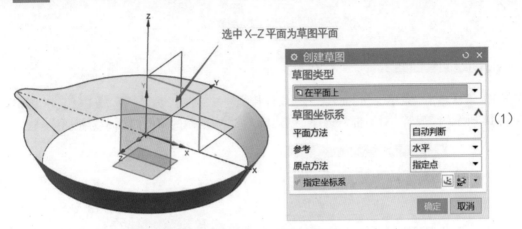

图 5-15　创建草图

（2）在该草图界面中执行草图绘制命令和"几何约束"命令 <kbd>几何约束(T)...</kbd>，绘制如图 5-16 所示图形。

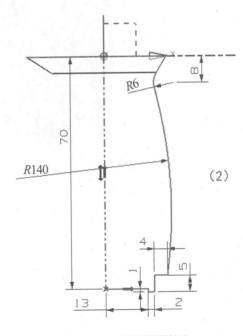

图 5-16　创建草图轮廓

（3）单击"草图界面"工具条中的"完成"命令 🏁，退出草图绘制界面，如图 5-17 所示。

图 5-17　退出草图绘制界面

8. 创建回转曲面

（1）依次单击"菜单"→"插入"→"设计特征"→"旋转"命令 旋转(R)... ，弹出如图 5-18 所示的"旋转"对话框，选择"创建草图 3"中绘制的草图曲线 3 为截面线。

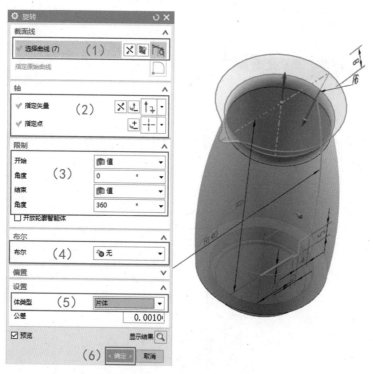

图 5-18　创建回转面

（2）选择 Z 轴为回转轴线，原点为轴心。

（3）在"限制"栏中输入"开始"值 0，"结束"值 360。

（4）选择"布尔"运算为"无"选项。

（5）选择"设置"选项卡，将"体类型"设置为"片体"。

（6）单击"确定"按钮 确定 ，完成回转曲面创建。

9. 边倒圆

执行"边倒圆"命令 边倒圆(E)... ，对底部 3 条选择的边界分别进行倒圆角，半径数值为 2、1、0.5（顺序从上往下），如图 5-19 所示。

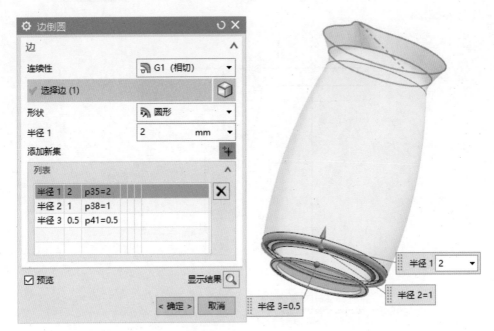

图 5-19 边倒圆

10. 创建草图 4

（1）依次执行"菜单"→"插入"→"在任务环境中绘制草图"命令 在任务环境中绘制草图(V)，弹出"创建草图"对话框，手动选择 X-Z 平面作为"草图平面"，单击"确定"按钮 确定，进入草图绘制界面，如图 5-20 所示。

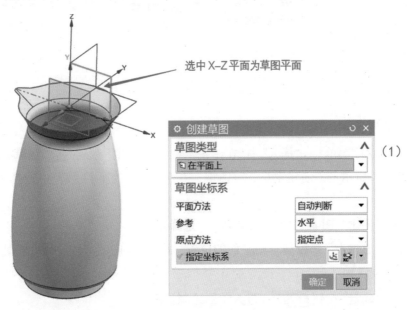

图 5-20 创建草图

（2）在该草图界面中执行草图绘制命令和"几何约束"命令 ，绘制如图5-21所示图形。

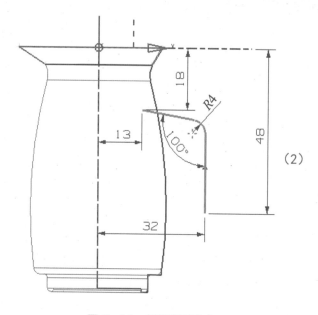

图5-21 创建草图轮廓4

（3）单击"草图界面"工具条中的"完成"命令 🏁，退出草图绘制界面，如图5-22所示。

图5-22 退出草图绘制界面

11. 创建草图5

（1）依次执行"菜单"→"插入"→"在任务环境中绘制草图"命令，弹出如图5-23所示的"创建草图"对话框，在"类型"的下拉列表中选择"基于路径"选项。

（2）单击"创建草图4"中的草图4作为"选择路径"。

（3）选择"通过点"来控制草图平面的位置，指定"创建草图4"中的草图4的上端点为草图平面定位点。

（4）单击"确定"按钮，进入草图绘制界面。

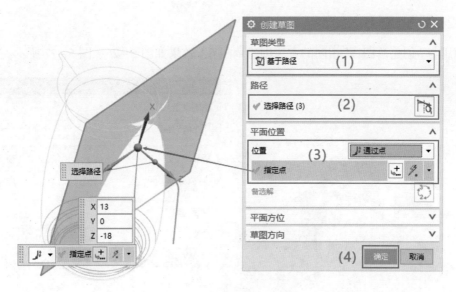

图 5-23　选择草图平面

（5）在该草图界面中执行草图绘制命令和"几何约束"命令 ⌇⌇ 几何约束(T)... ，绘制如图 5-24 所示的图形。

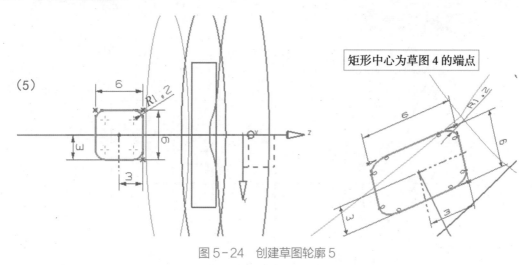

图 5-24　创建草图轮廓 5

（6）单击"草图界面"工具条中的"完成"命令 ▜，退出草图绘制界面，如图 5-25 所示。

图 5-25　退出草图绘制界面

12. 创建草图 6

使用与"创建草图 3"相同的方法创建草图 6，效果如图 5-26、图 5-27 所示。

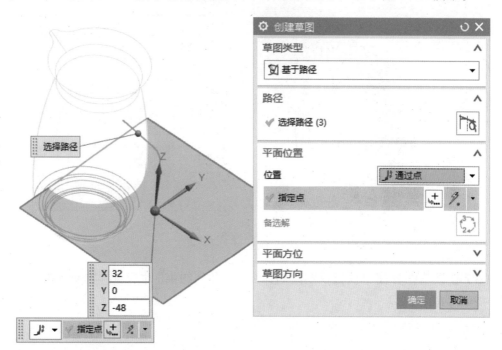

图 5-26　选择草图平面

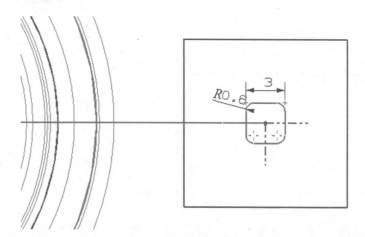

图 5-27　创建草图轮廓

13. 扫掠曲面

（1）依次执行"菜单"→"插入"→"扫掠"→"样式扫掠"命令 `样式扫掠(Y)...`，弹出如图 5-28 所示的"样式扫掠"对话框，在"类型"下拉列表中选择"1 条引导线串"选项。

（2）在"扫掠属性"组中的"固定线串"下拉列表中选择"引导线和截面"。

（3）单击"截面曲线"组中的"选择曲线"按钮，选择"创建草图 5"中的草图 5 轮廓线作为扫掠的截面 1。

（4）单击鼠标中键，选择"创建草图 6"中的草图 6 轮廓线作为扫掠的截面 2。

（5）单击"引导曲线"组中的"选择引导曲线"按钮，选择"创建草图 4"中的草图 4 轮廓线，如图 5-29 所示。

图 5-28 "样式扫掠"对话框

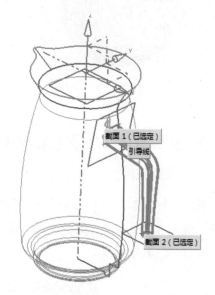

图 5-29 选择截面及引导线

（6）单击"确定"按钮 ，完成扫掠曲面创建。

> **要点提示：**在选择不同曲线作为截面曲线的时候，所选择的曲线的起点及箭头方向需保持一致，否则会在生成把手的时候出现扭曲现象。

14. 修剪几何体

> **要点提示：**从瓶口向内看，会发现把手多出一段，因此必须进行修剪。

（1）依次执行"菜单"→"插入"→"修剪"→"修剪与延伸"命令 修剪和延伸(N)... ，弹出"修剪与延伸"对话框，在"类型"下拉列表中选择"直至选定"选项。

（2）单击"目标"组中的"选择面或边"按钮，选择把手扫掠面，单击鼠标中键。

（3）单击"工具"组中的"选择对象"按钮，选择瓶身回转曲面，如图5-30所示。

 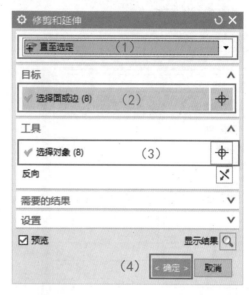

图5-30　修剪几何体

（4）单击"确定"按钮 ![确定]，完成修剪。

15. 保存文件

依次执行"菜单"→"文件"→"保存"命令 ![保存(S)]，将建好的模型保存到默认的目录下，如图5-31所示。除此之外，还可以执行"另存为"命令 ![另存为(A)...]，将模型以其他名称保存到其他目录。

图5-31　文件保存

任务检测

根据如图 5-32 所示的尺寸完成曲面建模。

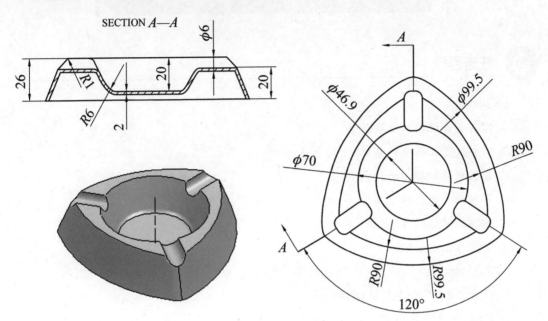

图 5-32

任务二　构建无绳电话曲面模型

@ 任务目标

【知识目标】

1. 掌握创建椭圆曲线的方法

2. 掌握改变工作坐标系WCS的方法

3. 掌握创建扫掠曲面的方法

4. 了解曲面缝合的方法

5. 掌握回转体的方法

6. 掌握体抽壳的方法

【能力目标】

1. 能用"旋转"命令创建回转曲面

2. 能用"扫掠"命令创建扫掠曲面

3. 能用"修剪与延伸"命令编辑曲面

⚙ 任务设定

根据如图5-33所示的曲面模型，完成无绳电话的建模。

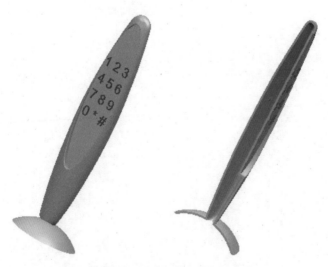

图5-33　无绳电话模型

任务解析

　　该无绳电话模型主要由底座、电话主体、按键等特征组成，建模方法为先构建曲面片体，然后缝合成实体，最后抽壳保留厚度。在模型建立的过程中，难点在于电话主体的曲面构建，这需要通过插入椭圆曲线，结合草图曲线、扫掠等多种命令的组合才能完成，其中草图曲线中曲线的约束和定位也是一个难点。

 任务实施

　　建模步骤如图 5-34 所示。

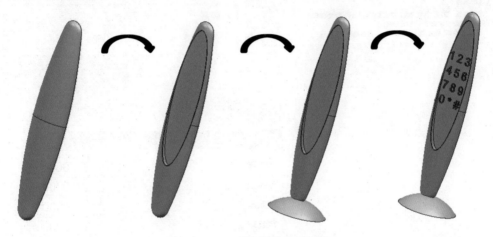

图 5-34　无绳电话的建模步骤

1. 创建椭圆 1

　　（1）依次执行"菜单"→"插入"→"曲线"→"椭圆"命令 ⊕ 椭圆（原有）(E)，弹出如图 5-35 所示的"点"对话框。（注意：如果在曲线菜单中无法找到椭圆命令，则需要在"命令查找器"中输入"椭圆"来找到对应命令，进行调用或者选择"在菜单上显示"命令，从而把隐藏的椭圆命令添加到菜单中，以方便后续的调用。）

　　（2）单击"确定"按钮 确定，弹出如图 5-36 所示的"编辑椭圆"对话框。

　　（3）输入"长半轴""短半轴"的值，其数值分别为 23、12，输入"起始角""终止角"和"旋转角度"的值，其数值分别为 0、90、0。

　　（4）单击"确定"按钮 确定，创建 1/4 段椭圆弧。

图 5-35 "点"对话框

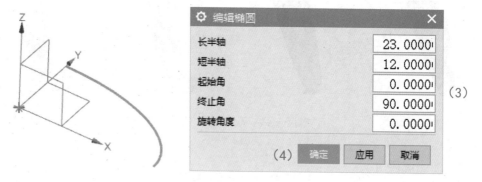

图 5-36 创建 1/4 段椭圆弧 1

（5）使用相同的方法创建第 2 段椭圆弧，如图 5-37 所示。

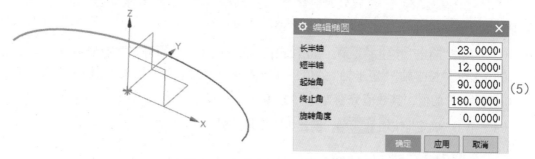

图 5-37 创建 1/4 段椭圆弧 2

（6）再用相同的方法，创建第 3 段和第 4 段椭圆弧，如图 5-38、图 5-39 所示。

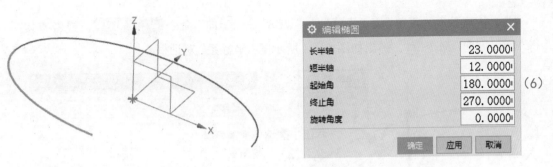

图 5-38 创建 1/4 段椭圆弧 3

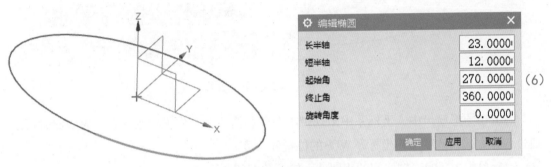

图 5-39 创建 1/4 段椭圆弧 4

2. 创建椭圆 2

（1）依次执行"菜单"→"格式"→"WCS"→"显示"命令 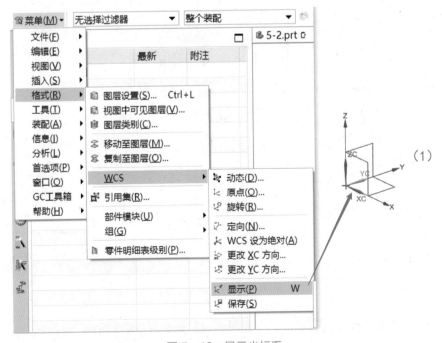 ，或者直接按"W"键，将工作坐标系显示出来，如图 5-40 所示。

图 5-40 显示坐标系

（2）依次执行"菜单"→"格式"→"WCS"→"定向"命令 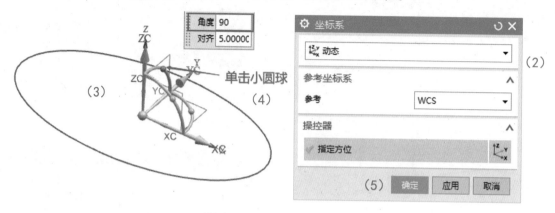 定向(N)...，或者直接执行"WCS方向"命令，弹出如图5-41所示的"坐标系"对话框。

图5-41　旋转工作坐标系

（3）在图形窗口中，坐标系中出现带小圆球和箭头的工作坐标系形态，表明此时可以通过各种方式来改变工作坐标系WCS的位置和角度。

（4）单击ZC和YC轴之间的小圆球，输入角度值90。

（5）单击"确定"按钮 确定，使得工作坐标系绕XC轴旋转90°。

（6）依次执行"菜单"→"插入"→"曲线"→"椭圆"命令 椭圆（原有）(E)...，弹出如图5-42所示的"点"对话框，输入XC、YC、ZC的值，其数值分别为0、26、0。

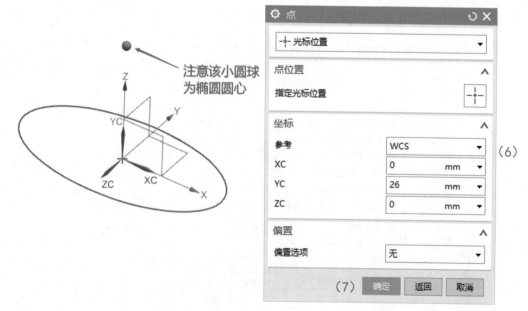

图5-42　创建定位点

（7）单击"确定"按钮 确定，弹出如图5-43所示的"编辑椭圆"对话框。

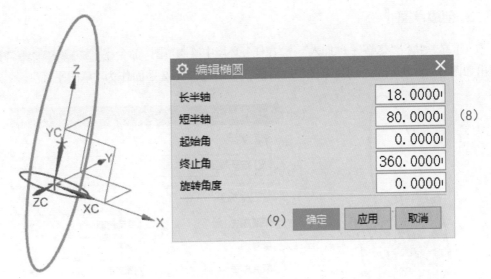

图 5-43 创建椭圆轮廓

（8）输入"长半轴""短半轴"的值，其数值分别为18、80，输入"起始角""终止角"和"旋转角度"的值，其数值分别为0、360、0。

（9）单击"确定"按钮 确定 ，完成椭圆2的创建。

（10）依次执行"菜单"→"格式"→"WCS"→"定向"命令 定向(N)... ，弹出"坐标系"对话框，在其下拉列表中选择"绝对坐标系"选项，如图5-44所示。

（11）单击"确定"按钮 确定 ，使发生改变的工作坐标系WCS回到原来的位置，如图5-45所示。

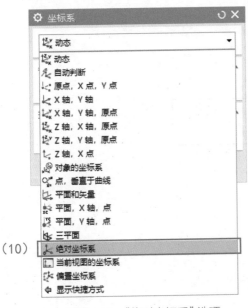

图 5-44 "绝对坐标系"选项

图 5-45 工作坐标系复位

3. 创建草图 1

（1）依次执行"菜单"→"插入"→"在任务环境中绘制草图"命令 **在任务环境中绘制草图(V)** ，弹出如图 5-46 所示的"创建草图"对话框，手动选择 X-Z 平面作为"草图平面"。

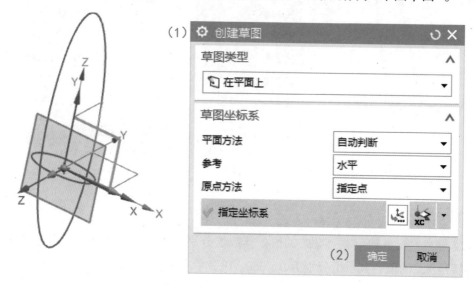

图 5-46　选择草图平面

（2）单击"确定"按钮 **确定** ，进入草图绘制界面。

（3）在该草图界面中执行草图绘制命令和"几何约束"命令 **几何约束(T)...** ，绘制如图 5-47 所示图形。（注意：先画一半的图形，然后镜像另一半。）

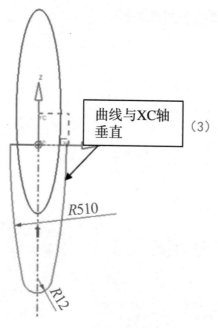

图 5-47　创建草图轮廓 1

（4）执行"草图"工具条中的"完成"命令 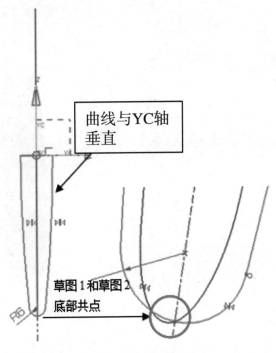（此处为图标），退出草图绘制界面。

4. 创建草图2

（1）依次执行"菜单"→"插入"→"在任务环境中绘制草图"命令 ⊞ 在任务环境中绘制草图(V) ，弹出"创建草图"对话框，手动选择Y-Z平面作为"草图平面"。

（2）单击"确定"按钮 确定 ，进入草图绘制界面。

（3）在该草图界面中执行草图绘制命令和"几何约束"命令 ⊿ 几何约束(T)... ，绘制如图5-48所示图形。（注意：先画一半图形，然后镜像另一半。）

曲线与YC轴垂直

草图1和草图2底部共点

图5-48　创建草图轮廓2

（4）执行"草图"工具条中的"完成"命令（图标），退出草图绘制界面。

5. 扫掠曲面

（1）依次执行"菜单"→"插入"→"扫掠"→"扫掠"命令 ❀ 扫掠(S)... ，或者直接执行"曲面"工具条中的"扫掠"命令（图标），弹出如图5-49所示的"扫掠"对话框。选择"截面"组中的"选择曲线"选项，选择椭圆1的1/2圆弧作为扫掠的截面。

（2）单击"引导线"（最多3条）组中的"选择曲线"，依次选择"创建草图1"中的草图1的右边界线，单击鼠标中键。选择"创建草图2"中的草图2中的右边界线，单击鼠标中键。

（3）最后选择"创建草图1"中的草图1的左边界线，此时，图形窗口自动生成如图5-50所示的曲面。

（4）单击"确定"按钮 确定 ，完成曲面创建。

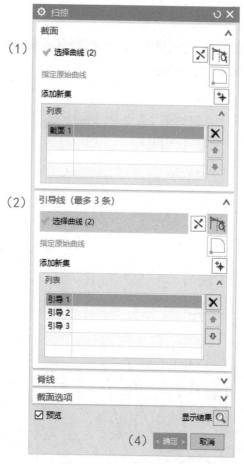

图 5-49 "扫掠"对话框

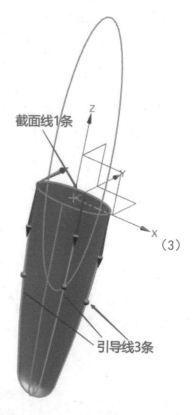

图 5-50 截面及引导线选择

> **要点提示**：选择引导线时不应一次性选中所有的线条，而是应单条线逐一选取，否则无法生成曲面。

6. 镜像曲面

（1）依次执行"菜单"→"插入"→"关联复制"→"镜像特征"命令  镜像特征(R)... ，弹出"镜像特征"对话框，选择之前创建的曲面作为特征对象。

（2）选择 XC-ZC 平面作为"镜像平面"，如图 5-51 所示。

（3）单击"确定"按钮 确定 ，创建镜像曲面。

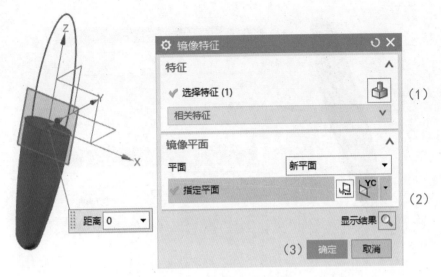

图 5-51 "镜像特征"对话框

（4）选择之前创建的两个曲面作为"特征对象"。

（5）选择 X-Y 平面作为"镜像平面"。

（6）单击"确定"按钮 确定 ，创建镜像曲面，如图 5-52 所示。

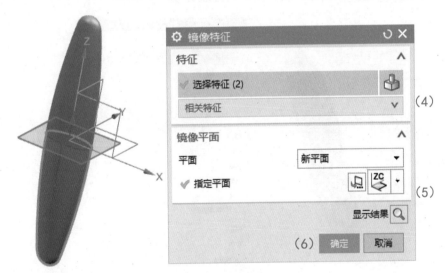

图 5-52 镜像特征

7. 缝合曲面

（1）依次执行"菜单"→"插入"→"组合"→"缝合"命令 缝合(W)...，弹出如图 5-53 所示的"缝合"对话框，选择任意 1 个面作为目标体。

（2）选择其余 3 个面作为工具体，如图 5-53 所示。

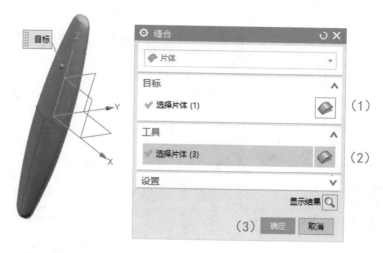

图5-53　缝合曲面

（3）单击"确定"按钮 确定 ，完成缝合。

8. 创建键盘槽

选择缝合后的曲面，按如图5-54所示的参数，执行"拉伸"命令 拉伸(X)... 和布尔 "减去"命令 减去(S)... 去除材料，生成按键放置面。

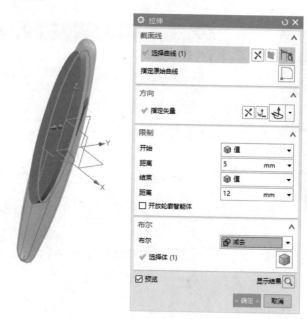

图5-54　拉伸去除

9. 倒圆角

执行"边倒圆"命令 边倒圆(E)... ，选择边界，选择"形状"为"圆形"选项，输入"半 径1"数值0.5，如图5-55所示。

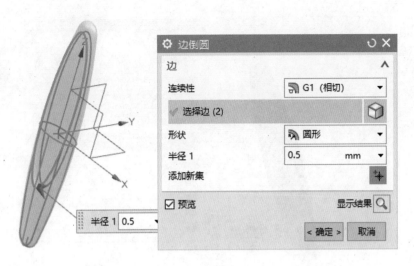

图 5-55　边倒圆

10. 创建草图 3

以 X-Z 平面为草图平面，绘制如图 5-56 所示草图。

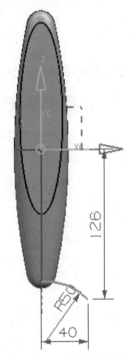

图 5-56　创建草图轮廓

11. 创建回转体

选择"创建草图 3"中创建的草图 3 曲线，执行"旋转"命令 旋转(R)... 创建实体，如图 5-57 所示。

图 5-57　回转体

12. 抽壳

执行"抽壳"命令 <kbd>抽壳(H)...</kbd>，选中如图 5-58 所示底面，进行抽壳，抽壳厚度为 2 mm。

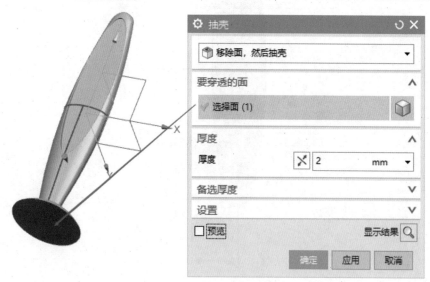

图 5-58　抽壳

13. 绘制草图

以 X-Z 平面为草图平面，绘制如图 5-59 所示草图。

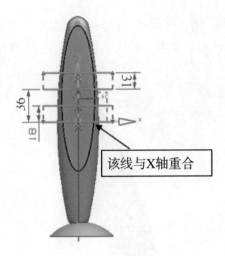

图 5-59 创建草图轮廓

14. 创建文本

（1）执行"菜单"→"插入"→"曲线"→"文本"命令 **A** 文本(T)... ，弹出如图 5-60 所示的"文本"对话框，在对话框中选择"类型"为"曲线上"选项。

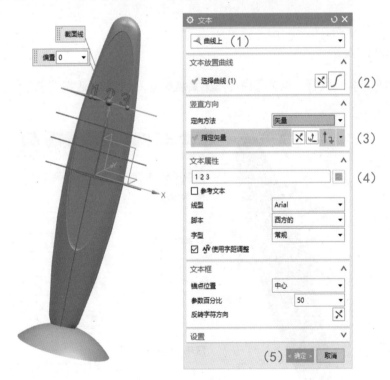

图 5-60 创建文本

（2）选择草图中"顶部线条"作为文本放置曲线。

（3）选择"定向方法"为矢量，选择 Z 轴为矢量方向。

（4）输入文本"123"，并设置文本框属性。

（5）单击"确定"按钮 确定 ，完成第一行文本创建。

（6）用同样的方式创建所有的文本，最终效果如图 5-61 所示。

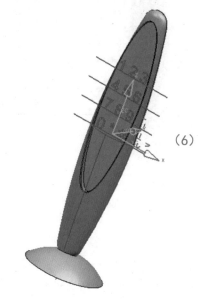

图 5-61　创建所有文本

15. 拉伸文本

选择所有文本，执行"拉伸"命令 拉伸(X)... ，创建电话拨号按键实体，效果如图 5-62 所示。

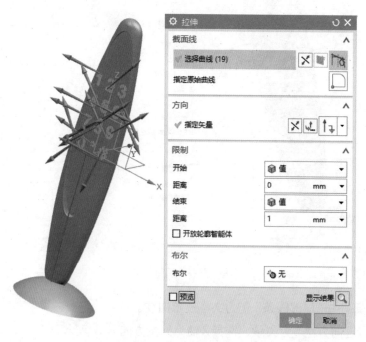

图 5-62　拉伸文本

16. 保存文件

依次执行"菜单"→"文件"→"保存"命令，将建好的模型保存到默认的目录下。除此之外，还可以选择执行"另存为"命令，将模型以其他名称保存到其他目录。

 任务检测

根据如图 5-63 所示的尺寸完成曲面建模。

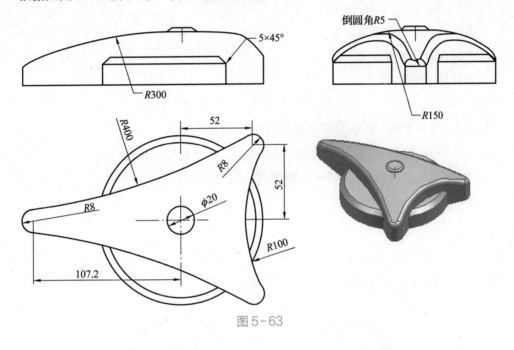

图 5-63

任务三　构建耳机曲面模型

 任务目标

【知识目标】

1.掌握创建有界平面的方法

2.掌握曲面缝合的方法

3.掌握镜像体的方法

【能力目标】

1.能用"有界平面"命令 ⬜ 有界平面(B)... ，创建曲面轮廓

2.能用"镜像几何体"命令 🔩 镜像几何体(G)... ，创建镜像实体

3.能用"沿引导线扫掠"命令 🗜 沿引导线扫掠(G)... ，创建扫掠实体

任务设定

根据如图 5-64 所示的曲面模型，完成耳机的建模。

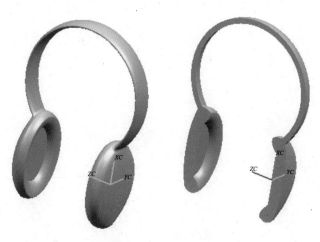

图 5-64　耳机模型

 任务解析

　　该耳机模型主要由两部分组成，分别是头梁和耳壳。耳壳的形状不规则，且特征较多，可以通过执行"通过曲线网格"命令和"扫掠"命令生成片体，缝合为实体；头梁的横截面

的大小一致，可以通过执行"沿引导线扫掠"命令直接生成实体。需要注意的是，构建耳壳模型时，只需要构建一只，另一只可以通过执行"镜像"命令的方式生成。

 任务实施

耳机建模步骤如图 5-65 所示。

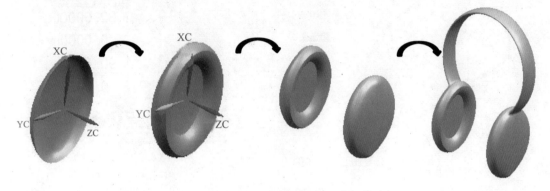

图 5-65 耳机建模步骤

1. 创建椭圆

（1）新建建模文件，进入建模界面。依次执行"菜单"→"插入"→"曲线"→"椭圆"命令 ⊕ 椭圆（原有）(E)...，弹出如图 5-66 所示的"点"对话框，单击"确定"按钮 确定 。

图 5-66 "点"对话框

（2）弹出如图 5-67 所示的"编辑椭圆"对话框，输入"长半轴""短半轴"的值，其数值分别为 40、32，输入"起始角""终止角"和"旋转角度"的值，其数值分别为 0、90、0，如图 5-67 所示。

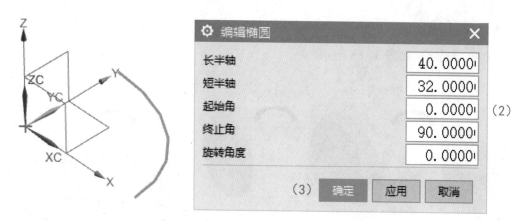

图 5-67　创建 1/4 段椭圆弧 1

（3）单击"确定"按钮 确定 ，创建 1/4 段椭圆弧。

（4）使用相同的方法创建第 2 段椭圆弧，如图 5-68 所示。

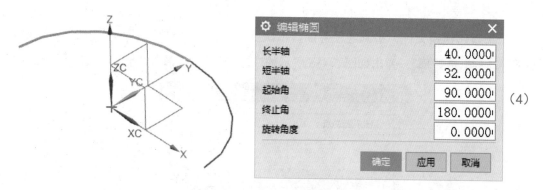

图 5-68　创建 1/4 段椭圆弧 2

（5）创建第 3 段和第 4 段椭圆弧，如图 5-69、图 5-70 所示。

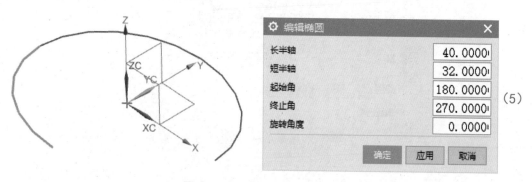

图 5-69　创建 1/4 段椭圆弧 3

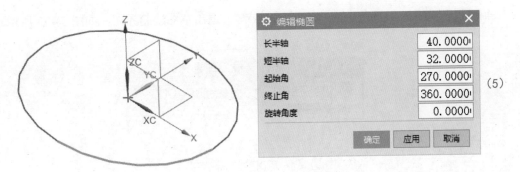

图 5-70　创建 1/4 段椭圆弧 4

2. 创建草图 1

（1）依次执行"菜单"→"插入"→"在任务环境中绘制草图"命令 在任务环境中绘制草图(V)，弹出"创建草图"对话框，手动选择X-Z平面作为"草图平面"，如图 5-71 所示。

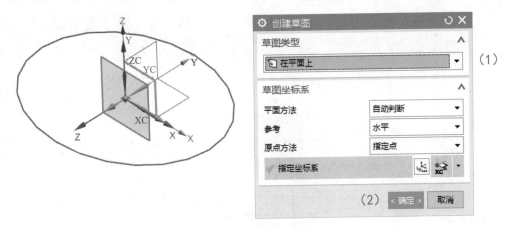

图 5-71　选择草图平面

（2）单击"确定"按钮 确定 ，进入草图绘制界面。

（3）在该草图界面中执行草图绘制命令和"几何约束"命令 几何约束(T)... ，绘制如图 5-72 所示图形。（注意：先画一半图像，然后镜像另一半图像。）

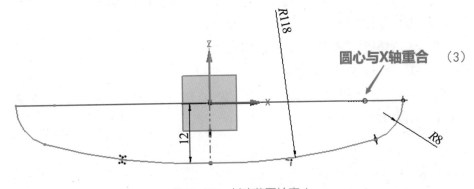

图 5-72　创建草图轮廓 1

（4）执行"草图"工具条中的"完成"命令 ，退出草图绘制界面，如图 5-73 所示。

图 5-73　退出草图绘制界面

3. 创建草图 2

（1）依次执行"菜单"→"插入"→"在任务环境中绘制草图"命令 在任务环境中绘制草图(V)，弹出"创建草图"对话框，手动选择 Y-Z 作为"草图平面"。

（2）单击"确定"按钮 确定，进入草图界面。

（3）在该草图界面中执行草图绘制命令和"几何约束"命令 几何约束(T)...，绘制如图 5-74 所示图形。（注意：先画一半图像，然后镜像另一半图像。）

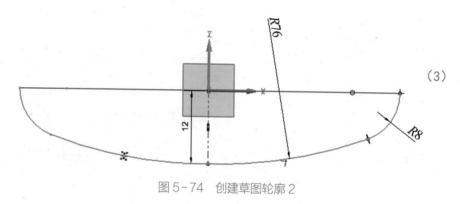

图 5-74　创建草图轮廓 2

（4）执行"草图"工具条中的"完成"命令 ，退出草图界面，如图 5-75 所示。

4. 扫掠曲面

（1）依次执行"菜单"→"插入"→"扫掠"→"扫掠"命令 扫掠(S)...，或者直接单击"曲面"工具条中的"扫掠"按钮，弹出如图 5-76 所示的"扫掠"对话框，选择"截面"组中的"选择曲线"选项，然后选择"创建草图 2"中的草图 2 轮廓线作为扫掠的截面。

图 5-75　退出草图绘制界面

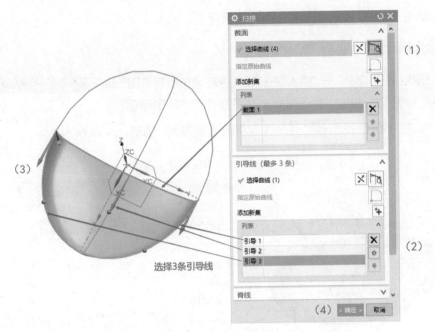

图 5-76 创建扫掠曲面

（2）选择"引导线"（最多 3 条）组中的"选择曲线"选项，依次选择椭圆的右 1/4 线，单击鼠标中键。选择"创建草图 1"中的草图 1 的轮廓线，单击鼠标中键。

（3）选择椭圆的左 1/4 线，此时，图形窗口会自动生成如图 5-76 所示的曲面。

（4）单击"确定"按钮 确定 ，完成扫掠曲面的创建。

5.镜像曲面

（1）依次执行"菜单"→"插入"→"关联复制"→"镜像特征"命令 镜像特征(R)... ，弹出"镜像特征"对话框，选择之前创建的曲面作为"特征对象"。

（2）选择 YC-ZC 平面作为"镜像平面"，如图 5-77 所示。

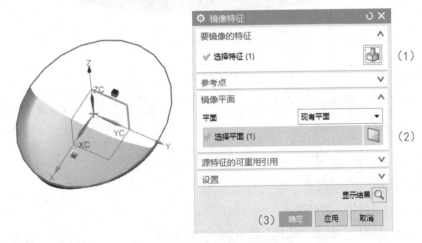

图 5-77 镜像曲面

（3）单击"应用"按钮 应用 ，创建镜像曲面。

6. 创建草图 3

（1）依次执行"菜单"→"插入"→"在任务环境中绘制草图"命令 品 在任务环境中绘制草图(V) ，弹出"创建草图"对话框，手动选择 X-Z 平面作为"草图平面"。

（2）单击"确定"按钮 确定 ，进入草图绘制界面，如图 5-78 所示。

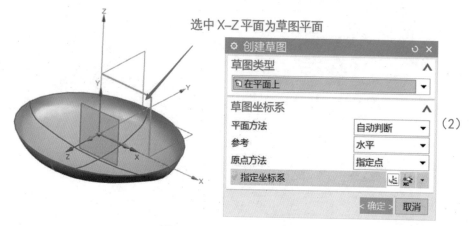

图 5-78　进入草图绘制界面

（3）在该草图界面中执行草图绘制命令和"几何约束"命令 几何约束(T)... ，绘制如图 5-79 所示图形。

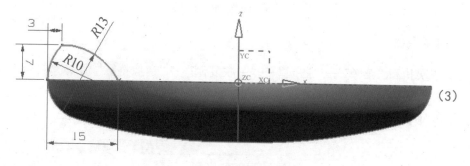

图 5-79　创建草图轮廓

（4）执行"草图"工具条中的"完成"命令 ，退出草图绘制界面，如图 5-80 所示。

7. 扫掠曲面

（1）依次执行"菜单"→"插入"→"扫掠"→"扫掠"命令 扫掠(S)... ，或者直接单击"曲面"工具条中的"扫掠"按钮 ，弹出如图 5-81 所示的"扫掠"对话框，选择"截面"组中的"选择曲线"选项，然后选择"创建草图 3"中

图 5-80　退出草图绘制界面

的草图 3 轮廓线作为扫掠的截面。

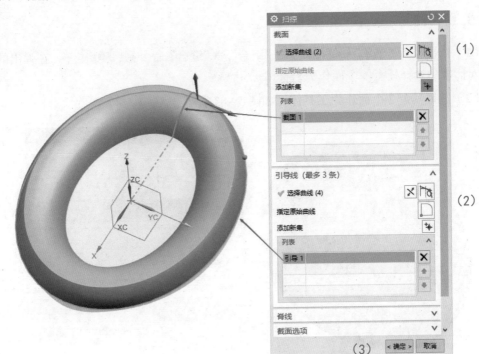

图 5-81　创建扫掠特征

（2）选择"引导线"（最多3条）组中的"选择曲线"选项，选择整个椭圆轮廓线，此时，图形窗口会自动生成如图 5-81 所示的曲面。

（3）单击"确定"按钮 确定 ，完成曲面创建。

8. 创建有界平面

（1）依次执行"菜单"→"插入"→"曲面"→"有界平面"命令 有界平面(B)... ，弹出如图 5-82 所示的"有界平面"对话框，选择轮廓线。

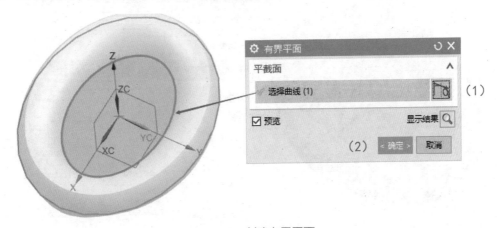

图 5-82　创建有界平面

（2）单击"确定"按钮 确定 ，完成有界平面创建。

9. 缝合曲面

（1）依次执行"菜单"→"插入"→"组合"→"缝合"命令 缝合(W)... ，在弹出的"缝合"对话框中选择任意一个面作为目标体。

（2）选择其余3个面作为工具体，如图5-83所示。

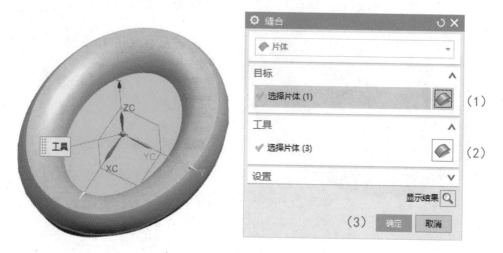

图5-83　缝合曲面

（3）单击"确定"按钮 确定 ，完成缝合。

10. 创建基准平面

（1）依次执行"菜单"→"插入"→"基准/点"→"基准平面" 基准平面(D)... 命令，弹出"基准平面"对话框，在其"类型"下拉列表中选择"按某一距离"选项。

（2）选中XC-YC基准平面作为参考对象，输入距离值40，如图5-84所示。

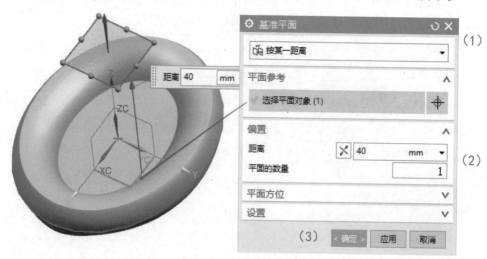

图5-84　创建基准平面

（3）单击"确定"按钮 确定 ，创建基准平面。

11. 镜像体

（1）依次执行"菜单"→"插入"→"关联复制"→"镜像几何体"命令 镜像几何体(G)... ，弹出"镜像几何体"对话框，选择之前创建的缝合体。

（2）选择"创建基准平面1"中的基准平面1作为镜像平面，如图5-85所示。

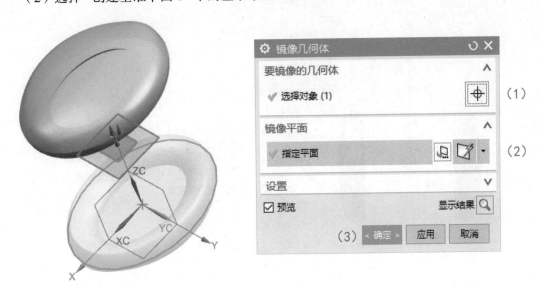

图5-85　镜像体

（3）单击"确定"按钮 确定 ，创建镜像体。

12. 创建草图4

（1）依次执行"菜单"→"插入"→"在任务环境中绘制草图"命令 在任务环境中绘制草图(V) ，弹出"创建草图"对话框，手动选择X-Z平面作为"草图平面"，如图5-86所示。

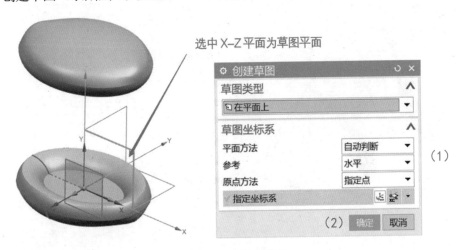

图5-86　创建草图

（2）单击"确定"按钮 确定 ，进入草图绘制界面。

（3）在该草图界面中执行草图绘制命令和"几何约束"命令 几何约束(T)... ，绘制如图 5-87 所示图形。

（4）执行"草图"工具条中的"完成"命令 ，退出草图绘制界面，如图 5-88。

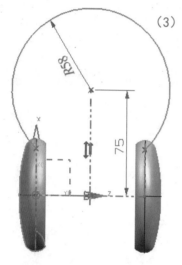

图 5-87　创建草图轮廓

图 5-88　退出草图界面

13. 创建草图 5

（1）依次执行"菜单"→"插入"→"在任务环境中绘制草图"命令 在任务环境中绘制草图(V) ，弹出"创建草图"对话框，在"草图类型"下拉列表中选择"基于路径"选项。

（2）选择"创建草图 4"中的草图 4 曲线，按如图 5-89 所示的数据设置参数。

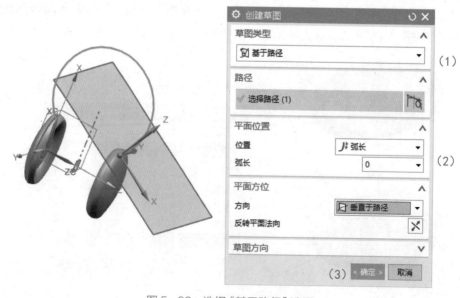

图 5-89　选择"基于路径"选项

（3）单击"确定"按钮 确定 ，进入草图绘制界面。

（4）在该草图界面中执行草图绘制命令和"几何约束"命令 几何约束(T)... ，绘制如图5-90所示的椭圆图形。

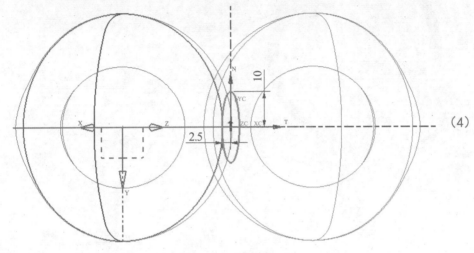

图5-90　绘制草图轮廓

（5）执行"草图"工具条中的"完成"命令 ，退出草图绘制界面，如图5-91所示。

图5-91　退出草图界面

14. 扫掠实体

（1）以"静态线框"的方式显示模型。依次执行"菜单"→"插入"→"扫掠"→"沿引导线扫掠"命令 沿引导线扫掠(G)... ，弹出"沿引导线扫掠"对话框，选择"截面"组中的"选择曲线"选项，然后选择"创建草图5"中的草图5轮廓线作为扫掠的截面。

（2）单击"引导"组中的"选择曲线"按钮，选择"创建草图4"中的草图4轮廓线，任选一个耳机耳壳为合并对象，此时，图形窗口会自动生成如图5-92所示的实体。

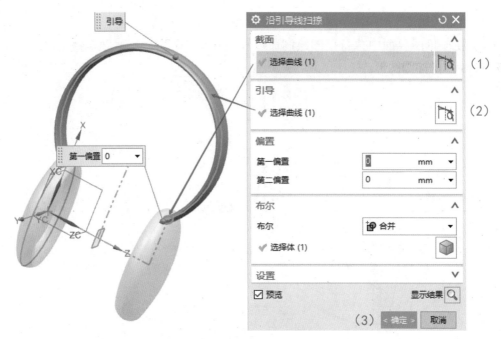

图 5-92　扫掠实体

（3）单击"确定"按钮 确定 ，完成实体创建。

15. 布尔合并

（1）以"带边着色"的方式显示模型。执行"特征操作"工具条中的"合并"命令 合并(U)... ，弹出"合并"对话框，选择任意一个体作为目标体。

（2）选择其余体为工具体，如图 5-93 所示。

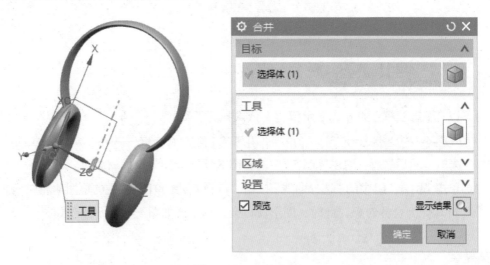

图 5-93　布尔合并

（3）单击"确定"按钮 确定 ，完成合并。

16. 倒圆角

执行"边倒圆"命令 边倒圆(E)...，选择目标对象（边），"形状"区域选择"圆形"选项，"半径1"区域选择"3 mm"选项，如图5-94所示。

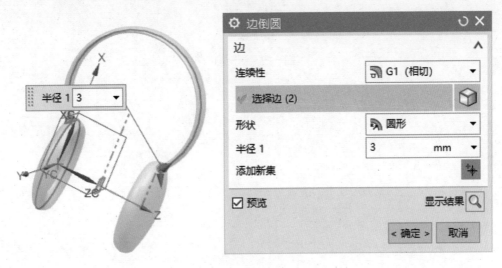

图5-94　倒圆角

17. 保存文件

依次执行"菜单"→"文件"→"保存"命令，将建好的模型保存到默认的目录下。除此之外，还可以执行"另存为"命令，将模型以其他名称保存到其他目录。

◎ 任务检测

根据如图5-95所示的尺寸完成曲面建模。

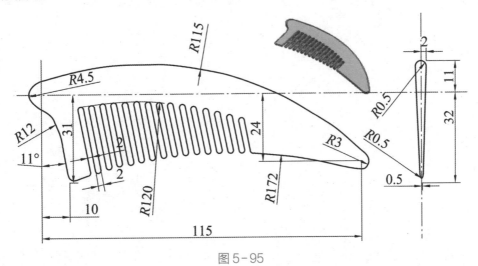

图5-95

在线测试

扫一扫　测一测

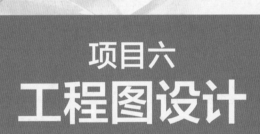

项目六
工程图设计

●── 项目导读 ──●

UG NX 12.0 中的工程制图模块，是在已有模型（自己建立的或者外部导入模型）的基础上，利用工程制图相关命令，将已有三维实体模型转化为二维工程图。

传统的工程图我们一般通过 Auto CAD 软件进行绘制，但仍然有越来越多的企业现在会选择 UG NX 12.0 中自带的工程制图模块来生成二维工程图，其好处在于：

首先，它可以实现 Auto CAD 的所有功能，尽管有的功能在实现起来比 Auto CAD 复杂，例如剖面的创建和处理。

其次，当我们在 UG NX 12.0 中建立好模型并根据模型创建出对应的二维工程图之后，假如该模型的尺寸或形状发生改变，那么工程图里对应的尺寸和形状也会自动变化，不需要重新进行处理，而 Auto CAD 需要重新绘制形状和尺寸变化的地方。所以，对于经常进行产品研发、改型、创新的企业来说，能够以最快速度生成工程图并能随模型改变而改变，无疑是一种高效的手段。

因此在学习了本项目后，期望读者能够理解并掌握 UG 工程制图的基本流程和方法，在此基础上，能独立进行一些复杂模型工程图的创建。

●── 思政园地 ──●

产品的设计、优化、制造、销售是产品从无到有并实现价值的整个过程。工程师需要不断查看产品工程图，确认加工尺寸、加工公差、粗糙度等一系列参数，确保制造商的产品质量可靠。

任务一 工程图设计案例 1

 任务目标

【知识目标】

1. 掌握进入工程制图界面，新建图纸的方法

2. 掌握设置首选项的方法

3. 掌握创建基本视图，投影视图的方法

4. 了解创建轴测视图的方法

5. 了解视图的着色显示的方法

6. 熟悉添加中心线的方法

7. 熟悉标注尺寸的方法

【能力目标】

1. 能从建模界面，进入工程制图界面

2. 能用"图纸页"命令新建工程图纸

3. 能用首选项相关命令，设置"制图""注释""视图"相关参数

4. 能用"保存"命令或者"另存为"命令对已建好的模型文件进行保存

 任务设定

根据如图 6-1 所示的零件图创建工程图。

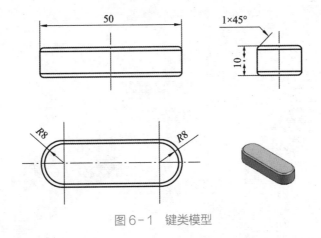

图 6-1 键类模型

任务解析

　　该零件模型为一个简单的键类模型，创建该零件的工程图时只需要正确构建三视图，然后按照给定的尺寸标注即可。需要注意的是，正确设置倒斜角尺寸的格式和标注。

 任务实施

1. 新建图纸

　　（1）打开文件 6-1.prt，依次执行子菜单栏"应用模块"→"制图"按钮 <kbd>制图(D)...</kbd>，或者直接按"Ctrl+Shift+D"快捷键，如图 6-2 所示。系统会自动从建模界面转换到如图 6-3 所示的工程制图界面。

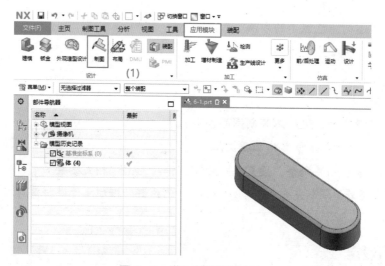

图 6-2　进入制图界面方法

图 6-3　工程制图界面

（2）依次执行"菜单"→"插入"→"图纸页"命令 图纸页(H)... ，弹出如图6-4所示的"工作表"对话框。

（3）在"大小"选项区中选择"标准尺寸"单选按钮。

（4）选择图纸大小"A4-210×297"选项，选择图纸比例"1：1"选项，其余参数保持不变。

（5）单击"设置"按钮，"工作表"对话框下方将出现新的选项区域，如图6-5所示。在"单位"选项区中选择"毫米"选项。

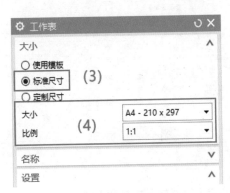

图6-4　"工作表"对话框

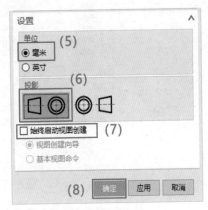

图6-5　"设置"区域

（6）在"投影"选项区中单击"第一象限角投影"图标。

（7）单击"始终启动视图创建"按钮，确保该复选框处于未勾选状态。（注意：不启动该复选框的原因在于，在创建视图之前还有一些参数需要设置，如尺寸样式、倒斜角样式、文字粗细，提前设置相关参数能极大地提高后续制图的效率。）

（8）单击"确定"按钮 确定 ，完成图纸的创建。

2. 首选项设置

（1）依次执行"菜单"→"首选项"→"制图"命令 制图(D)... ，弹出如图6-6所示的"制图首选项"对话框，选择"视图"选项卡，确认该选项卡中的"边界"选项区中的"显示"复选框处于未勾选状态，如图6-6所示。

（2）选择"尺寸"选项卡，设置倒斜角格式，如图6-7所示。

（3）选择"指引线格式"的样式为"指引线与倒斜角垂直"选项 。

（4）单击"确定"按钮 确定 ，完成"制图首"选项参数设置。

图 6-6 "制图首选项"对话框

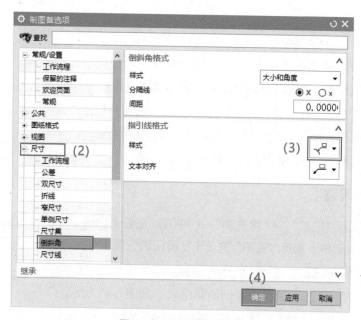

图 6-7 设置尺寸样式

3. 创建基本视图

（1）依次执行"菜单"→"插入"→"视图"→"基本"命令 ，弹出如图 6-8 所示的"基本视图"对话框，单击"模型视图"选项区中的"要使用的模型视图"下拉列表，选择"前视图"选项 ，其余参数不变。此时 A4 图纸区域中将生成模型前视图的预览图。

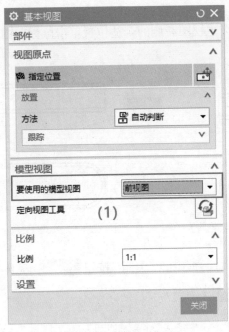

图6-8　创建基本视图

（2）在A4图纸区域的合适位置处单击鼠标左键，即可在当前工程图中创建出该模型的"前视图"，如图6-9所示。

（3）当前视图放置完毕之后，系统自动将该视图作为主视图，生成投影预览图，并且弹出如图6-10所示的"投影视图"对话框。

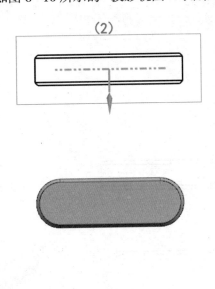

图6-9　模型的前视图

图6-10　"投影视图"对话框

（4）在主视图正下方的适当位置单击鼠标左键，创建该模型的俯视图，如图 6-11 所示。

（5）向右移动鼠标，在主视图右侧的合适位置单击鼠标左键，创建左视图，如图 6-12 所示。

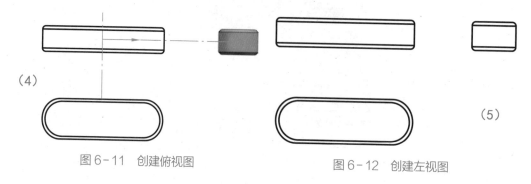

图 6-11　创建俯视图　　　　　　　　　图 6-12　创建左视图

（6）单击"投影视图"对话框中的"关闭"按钮 关闭 ，完成键的三视图的创建。

4. 创建键的正等测图

（1）依次执行"菜单"→"插入"→"视图"→"基本"命令 基本(B)... ，弹出如图 6-13 所示的"基本视图"对话框，单击"模型视图"选项区中的"要使用的模型视图"下拉列表，选择"正等测图"选项 正等测图 ▾ 。

（2）在"缩放"选项区中的"比例"下拉列表中选择"1：2"选项。A4 图纸区域中将生成模型正等测图的预览图，如图 6-14 所示。

图 6-13　"基本视图"对话框

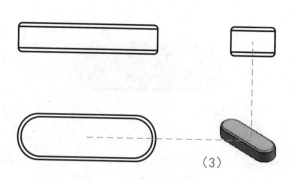

图 6-14　正等测视图预览

（3）在图纸适当位置单击鼠标左键，将生成零件的正等测图，如图6-15所示。

（4）完成后，单击"基本视图"对话框的"关闭"按钮 关闭 ，关闭对话框。

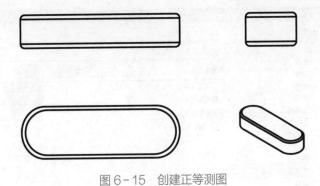

图6-15 创建正等测图

5. 等轴测视图着色显示

（1）依次执行"菜单"→"首选项"→"制图"命令 制图(D)... ，弹出如图6-16所示的"制图首选项"对话框，选择"视图"选项卡。

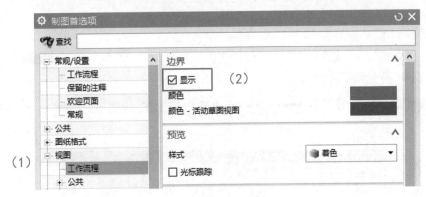

图6-16 "制图首选项"对话框

（2）单击该选项卡中的"显示"复选框，使其处于勾选状态，此时4个视图的边界显示出来，如图6-17所示。

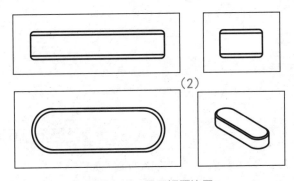

图6-17 显示视图边界

（3）双击正等测图的视图边界线，弹出如图6-18所示的"设置"对话框，依次选择"公共"→"着色"选项卡。

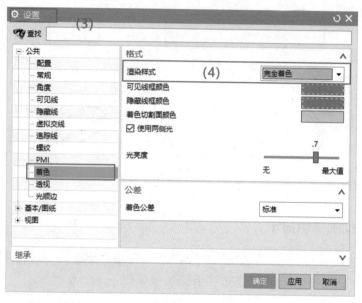

图6-18 "渲染样式"选择

（4）在"格式"→"渲染样式"的下拉列表中，选择"完全着色"选项 完全着色 ▼ 。

（5）选择"可见线"选项卡。

（6）将线条的粗细等级由 ━━ 0.70 mm ▼ 改选为"原先"选项 原先 ▼ ，如图6-19所示。

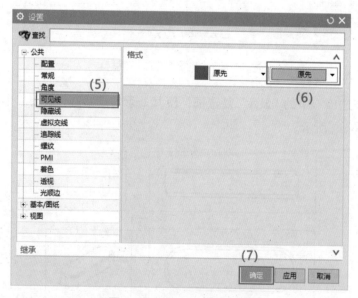

图6-19 线条的粗细设置

（7）完成之后单击"确定"按钮 确定 ，完成着色显示。

（8）再次将视图边界隐藏，效果如图6-20所示。

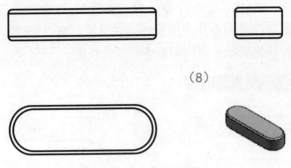

（8）

图6-20　视图边界隐藏

6.添加中心线

（1）依次执行"菜单"→"插入"→"中心线"→"2D中心线"命令 ⊡ 2D中心线...，或者直接执行工具条中的"2D中心线"命令 ⊡，弹出如图6-21所示的"2D中心线"对话框。

图6-21　"2D中心线"对话框

（2）在前视图中选择第1侧和第2侧两条线段，如图6-22所示。系统创建一条竖直中心线。

（3）用同样的方法创建左视图的中心线，如图6-23所示。

图6-22　创建前视图中心线

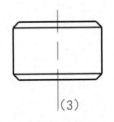

图6-23　创建左视图中心线

（4）依次执行"菜单"→"插入"→"中心线"→"中心标记"命令 ⊕ 中心标记(M)...，或者直接执行工具条中的"中心标记"命令 ⊕，弹出如图 6-24 所示的"中心标记"对话框。

（5）在俯视图中选择两个圆弧作为位置的选择对象，如图 6-25 所示，系统自动在圆弧中心创建中心线标记。拖动箭头可以调整中心线的长度。

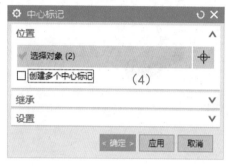

图 6-24 "中心标记"对话框

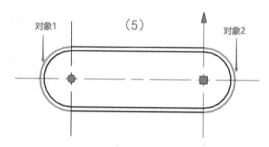

图 6-25 创建俯视图中心线

7. 标注图纸尺寸

（1）依次执行"菜单"→"插入"→"尺寸"→"快速"命令 ⊢┤ 快速(P)...，或者直接执行"尺寸"工具条中的"快速"命令 ⊀，弹出如图 6-26 所示的"快速尺寸"对话框。

（2）依次单击主视图中的线段 1 和线段 2，创建键的长度尺寸，如图 6-27 所示。用同样的方法标注左视图中键的高度尺寸。

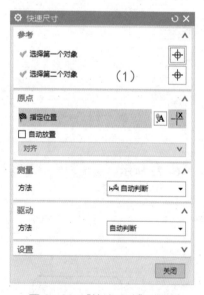

图 6-26 "快速尺寸"对话框

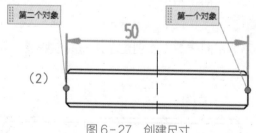

图 6-27 创建尺寸

（3）依次执行"菜单"→"插入"→"尺寸"→"径向"命令 ⅓ 径向(R)...，弹出如图 6-28 所示的"径向尺寸"对话框，在"测量"选项区中将"方法"改选为"径向"选项。

（4）在俯视图中选中左右两侧的圆弧，对其进行半径标注，如图6-29所示。

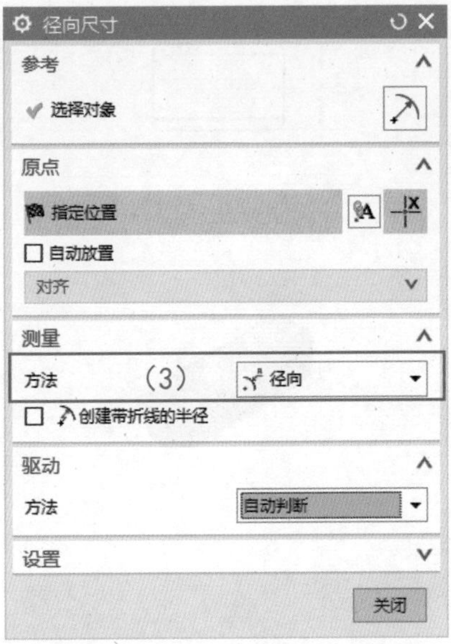

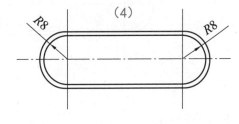

图6-28　"径向尺寸"对话框

图6-29　创建径向尺寸

（5）依次执行"菜单"→"插入"→"尺寸"→"倒斜角"命令 🔲 倒斜角(C)...，弹出如图6-30所示的"倒斜角尺寸"对话框。

（6）在左视图中选择倒斜角的斜面，标注倒角，如图6-31所示。

图6-30　"倒斜角尺寸"对话框

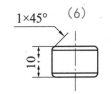

图6-31　创建倒斜角

（7）尺寸标注如图6-32所示。

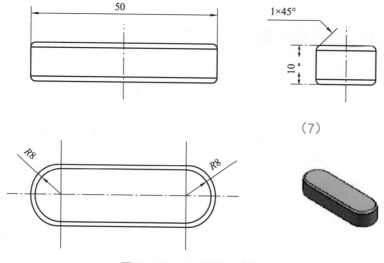

图 6-32　尺寸标注完成图

8. 创建表格

（1）依次执行"菜单"→"插入"→"表"→"表格注释"命令 ![表格注释(T)...]，或者直接执行"表格"工具条中的"表格注释"命令图标 ![图标]，弹出如图 6-33 所示的"表格注释"对话框，设置"表大小"选项区中的"列数""行数""列宽"的数值分别为 5、4、15。

（2）在图纸的右下角单击鼠标左键，放置表格，并调整表格的位置使其与图纸的边界重合，如图 6-34 所示。

图 6-33　"表格注释"对话框

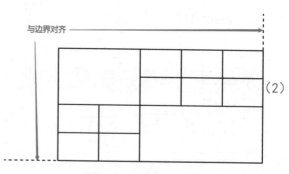

图 6-34　放置表格

（3）选择要合并的单元格，并单击鼠标右键，弹出如图 6-35 所示的快捷菜单，执行菜单中"合并单元格"命令 ![合并单元格(M)]，完成单元格合并，以同样的方式合并另一处的单元格。

（4）双击某一个单元格，弹出文本输入框，输入需要填写的文字，如图 6-36 所示。

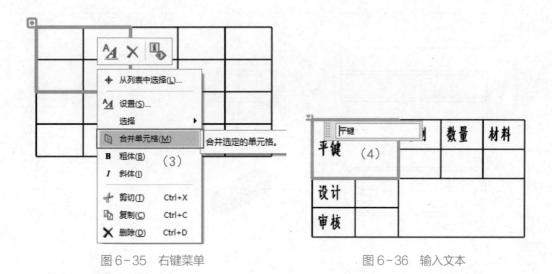

图6-35 右键菜单　　　　　　　　　　　图6-36 输入文本

（5）若对填写的文字格式不满意，可以对其进行修改。修改的方法是选择要修改的单元格，单击鼠标右键，在弹出的快捷菜单中选择"样式"选项，即可对其字符大小、对齐方式等进行修改，如图6-37所示。

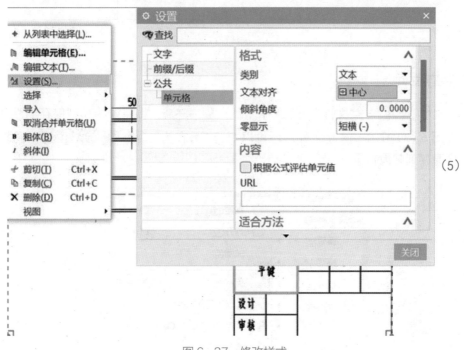

图6-37 修改样式

（6）创建的表格如图6-38所示。

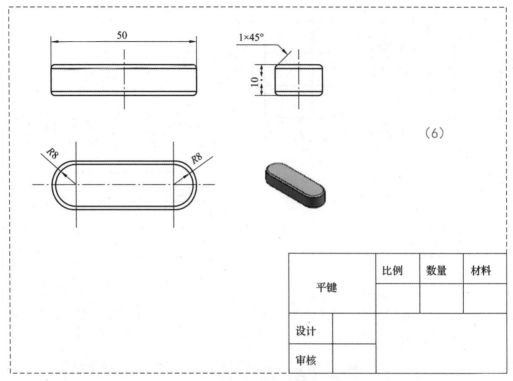

图 6-38 最终完成图

9. 保存文件

依次执行"菜单"→"文件"→"保存"命令 🔳 保存(S)，将建好的模型保存到默认的目录中，如图 6-39 所示。除此之外，还可以执行"另存为"命令 🔳 另存为(A)...，将模型以其他名称保存到其他目录。

图 6-39 保存文件

任务检测

导入模型，并根据如图 6-40 所示的要求，完成该模型的工程制图。

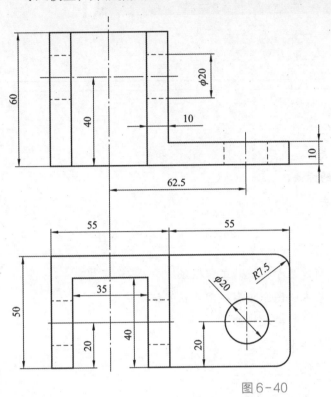

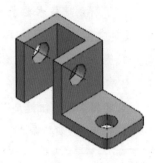

图 6-40

任务二　工程图设计案例 2

任务目标

【知识目标】

1. 熟悉创建全剖视图的方法

2. 熟悉注释首选项设置的方法

3. 掌握标注制图尺寸及公差的方法

4. 掌握标注表面粗糙度的方法

5. 了解创建技术要求的方法

【能力目标】

1. 能用"图纸"中已有模板，新建基于模板的工程图纸

2. 能用"基本视图"命令创建基本视图，投影视图及正等轴测视图

3. 能用"表面粗糙度"命令，标注表面粗糙度

4. 能用"注释"命令，创建技术要求

任务设定

根据如图 6-41 所示的模型图纸创建工程图 2。

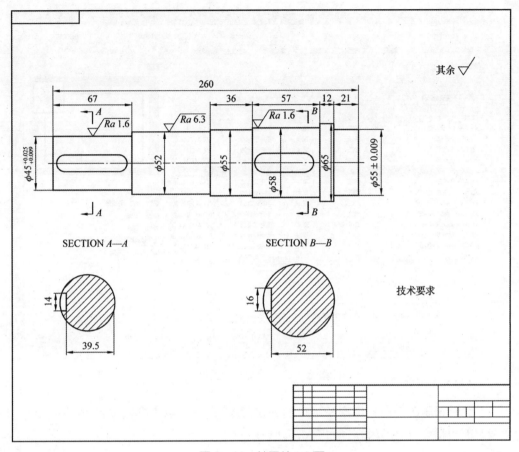

图6-41　轴零件A2图

 任务解析

　　该零件为一个带双键槽的轴类零件，对于键槽，画图时需要运用两个全剖视图完整地表达键槽的尺寸。此外，还有一些特殊尺寸（如粗糙度、带偏差的尺寸）的标注，也需要引起注意，建议以合适的视图作为主视图，再进行键槽的剖视图投影，最后统一标注尺寸并添加技术要求。

任务实施

1. 新建图纸

　　（1）依次执行"菜单"→"文件"→"新建"命令 🗋 新建(N)... ，弹出如图6-42所示的"新建"对话框。

　　（2）在对话框中选择"图纸"选项卡，选择"A2-无视图"模板。

　　（3）单击"确定"按钮 确定 ，系统将自动由"建模"界面切换到"制图"界面。

(1)

(2)

(3)

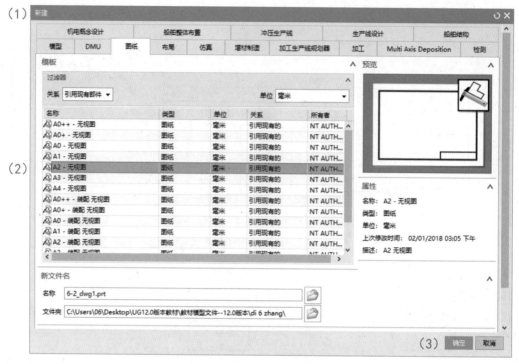

图 6-42 "新建"对话框

（4）此时在制图界面会出现系统自动创建的 A2 图纸，该图纸模板自带图纸边框、标题栏及表面粗糙度符号等内容，如图 6-43 所示。

(4)

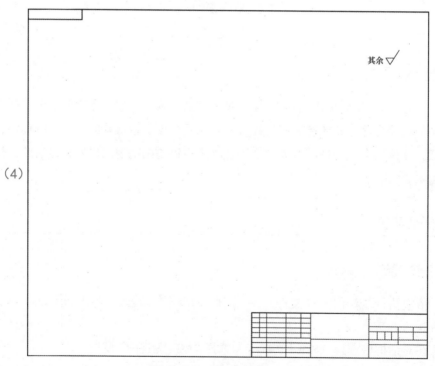

图 6-43 A2 图纸模板

2.首选项设置

（1）依次执行"菜单"→"首选项"→"制图"命令 制图(D)...，弹出如图 6-44 所示的"制图首选项"对话框，选择"视图"选项卡，确认该选项卡中"边界"选项区域的"显示"复选框处于未勾选状态，如图 6-44 所示。

图 6-44 "制图首选项"对话框

（2）选择"尺寸"选项卡，设置倒斜角格式参数，如图 6-45 所示。

图 6-45 设置尺寸样式

（3）将"倒斜角"子选项中的"指引线格式"的样式修改为"指引线与倒斜角垂直"选项 ╱⁻⁻ ▾ 。

（4）单击"确定"按钮 确定 ，完成"制图首选项"设置。

3. 创建基本视图

（1）依次执行"菜单"→"插入"→"视图"→"基本"命令 基本(B)... ，弹出如图 6-46 所示的"基本视图"对话框，单击"模型视图"选项区中的"要使用的模型视图"下拉列表，选择"俯视图"选项，其余参数不变。A4 图纸区域中将生成模型俯视图的预览图。

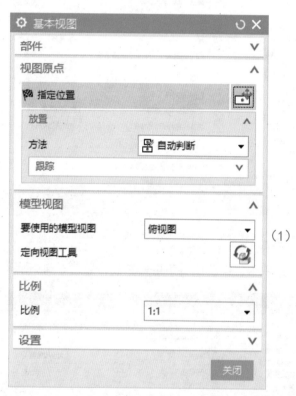

图 6-46 创建基本视图

（2）在A4 图纸区域的合适位置单击鼠标左键，即可在当前工程图中创建该模型的"俯视图"，如图 6-47 所示。

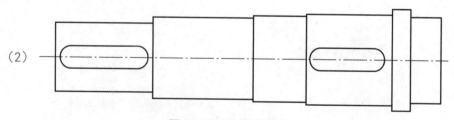

图 6-47 轴的俯视图

4. 创建键槽全剖视图

（1）依次执行"菜单"→"插入"→"视图"→"剖视图"命令  剖视图(S)…，弹出如图6-48所示的"剖视图"对话框。系统提示选择"父视图"选项。

图6-48　"剖视图"对话框

（2）单击"创建基本视图"中创建的俯视图，将其作为要生成截面的"父视图"。此时，"剖视图"对话框会发生变化，更多的命令将会被展示出来，如图6-48所示。

（3）选择键槽顶边中点作为铰链线的放置位置，单击左键确定剖视图的剖切位置，如图6-49所示。

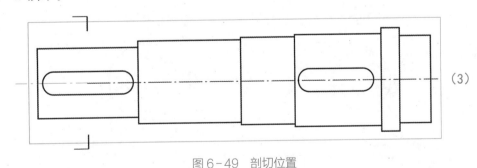

图6-49　剖切位置

（4）先将全剖视图在左侧生成出来，然后通过拖动鼠标，将全剖视图放置在图纸中适当的位置，如图6-50所示。

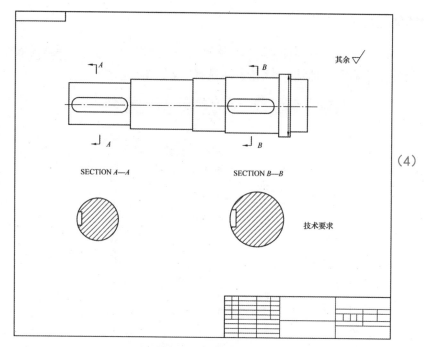

图 6-50　放置剖视图

5. 标注尺寸

执行 "插入" → "尺寸" → "快速" ![快速(P)...] 命令，进行尺寸标注，如图 6-51 所示。

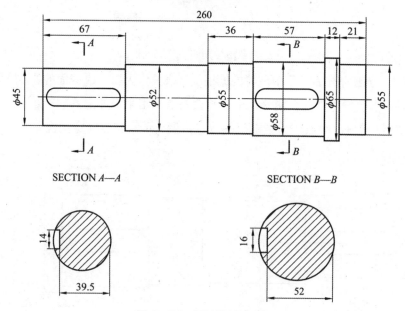

图 6-51　标注线性尺寸

6. 标注公差

（1）双击图纸中的尺寸"Φ45"，弹出如图6-52所示的"编辑尺寸"对话框。将"值"区域类型由默认的"无公差" ⊠ ▾ 改选为"双向公差"选项 ±⊠ ▾ ，如图6-53所示。

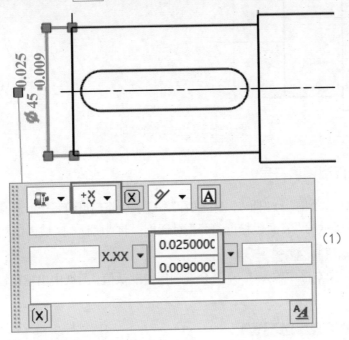

图6-52　将"无公差"修改为"双向公差"

（2）将公差上限修改为0.025，公差下限修改为0.009，然后单击鼠标中键，完成双向公差标注，如图6-54所示。

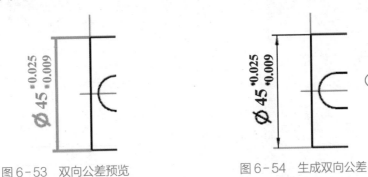

图6-53　双向公差预览　　　　　图6-54　生成双向公差

（3）双击图纸中的尺寸"Φ55"，弹出"编辑尺寸"对话框。将"值"区域类型由默认的"无公差" ⊠ ▾ 改选为"等双向公差"选项 ±⊠ ▾ ，在公差值输入框中输入0.009；然后单击鼠标中键，完成等值双向公差标注，如图6-55所示。

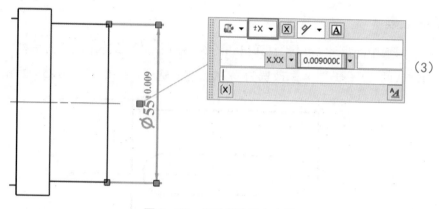

图 6-55　标注等值双向公差

7. 标注表面粗糙度符号

（1）依次执行"菜单"→"插入"→"注释"→"表面粗糙度符号"命令 √ 表面粗糙度符号(S)... ，弹出如图 6-56 所示的"表面粗糙度符号"对话框。将"属性"区域内的"除料"选项改选为"需要除料"选项 √ 需要除料 。

（2）在"a2"文本框中输入 1.6，其余选项保持默认值，图纸中出现粗糙度符号的预览，如图 6-57 所示。

图 6-56　"表面粗糙度符号"对话框

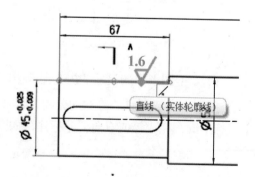

图 6-57　粗糙度标注预览

（3）在需要标注粗糙度的边界线上单击鼠标左键，可以在该处生成并放置粗糙度符号，如图6-58所示。（注：如果需要插入不同值的粗糙度，只需修改"表面粗糙度符号"对话框中"a2"值的大小，再在合适位置单击鼠标左键。）

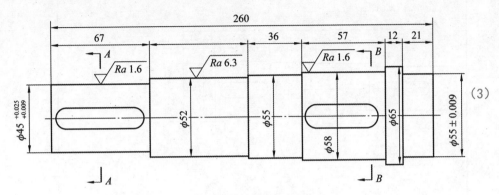

图6-58　标注表面粗糙度

8. 创建技术要求

（1）执行"插入"→"注释"→"注释"命令 **A** 注释(N)...，弹出如图6-59所示的"注释"对话框。在"文本输入"区域中输入技术要求文本。

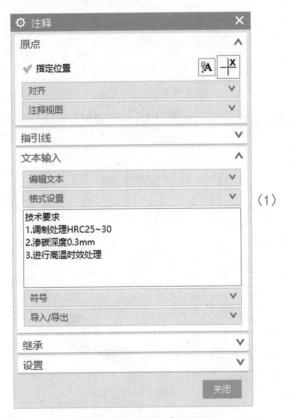

图6-59　"注释"对话框

（2）单击鼠标左键，将文本位置固定，效果如图 6-60 所示。

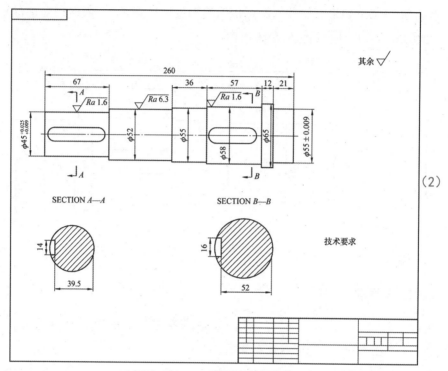

图 6-60　标注技术要求

⊚ **任务检测**

导入模型，并根据如图 6-61 所示的要求，完成该模型的工程制图。

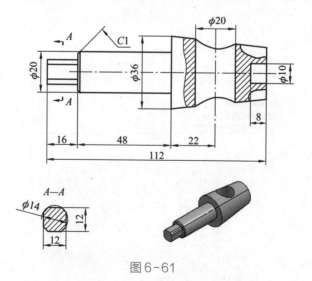

图 6-61

任务目标

【知识目标】

1.掌握创建全剖视图的方法

2.掌握创建局部剖视图的方法

3.掌握调整视图布局的方法

4.掌握视图相关编辑的方法

5.掌握添加中心线的方法

6.掌握标注制图尺寸方法

7.掌握编辑沉头孔尺寸的方法

【能力目标】

1.能用"基本视图"命令创建基本视图、投影视图及正等轴测视图

2.能用"剖视图"命令创建全剖视图

3.能用"局部剖"命令创建局部剖视图

4.能用"尺寸"命令标注各种制图尺寸和公差

 任务设定

根据如图 6-62 所示零件图，完成工程图的创建。

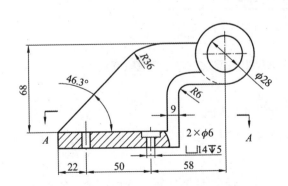

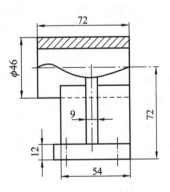

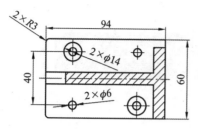

图 6-62　组合体

任务解析

该零件模型为一个较复杂的组合体模型，其特征较多，需要运用全剖视图、局部剖视图等方式完整地表达该零件的工程图尺寸。此外，还有一些特殊尺寸（如多孔、沉头孔）的标注，也需要注意。建议先投影三视图，再剖切视图，最后统一标注尺寸。

任务实施

1. 新建图纸文件

（1）依次执行子菜单栏"应用模块"→"制图"命令按钮 制图(D)... ，或者直接在键盘上按"Ctrl+Shift+D"快捷键，进入工程制图界面，如图 6-63 所示。

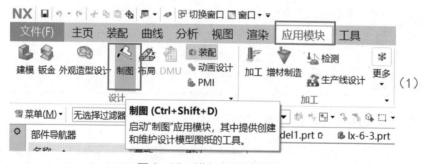

图 6-63　进入工程制图界面

（2）依次执行"菜单"→"插入"→"图纸页"命令 图纸页(H)... ，弹出如图 6-64 所示的"工作表"对话框。

（3）在"大小"选项区中单击"标准尺寸"按钮。

（4）图纸大小选择为"A2-420×594"选项，"比例"选择"1:1"选项，其余参数保持不变。

（5）单击"设置"按钮，"工作表"对话框下方将出现新的选项区域，如图 6-65 所示。在"单位"区域中选择"毫米"选项。

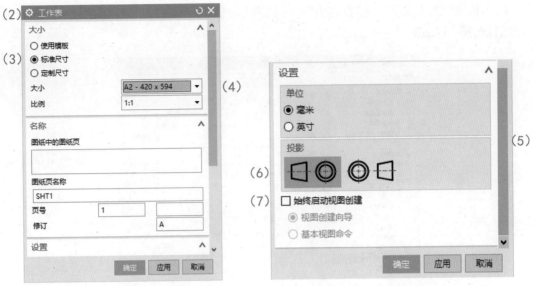

图 6-64　"工作表"对话框　　　　　　图 6-65　"设置"区域

（6）在"投影"区域中选择"第一象限角投影"选项。

（7）单击"始终启动视图创建"选项按钮 ☑ 始终启动视图创建 ，使其处于未勾选状态。
（注意：不启动该选项的原因在于，在创建视图之前还有一些参数需要设置，如尺寸样式、
倒斜角样式、文字粗细等。提前设置好相关参数能极大地提高后续工程制图的效率。）

2. 首选项设置

（1）依次执行"菜单"→"首选项"→"制图"命令 制图(D)... ，弹出如图 6-66 所示的
"制图首选项"对话框，选择"视图"选项卡，确认该选项卡中的"显示"复选框处于未勾
选状态。

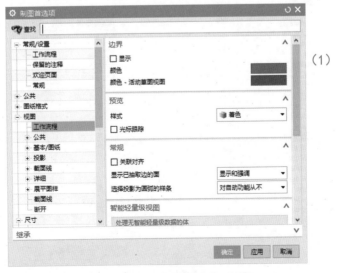

图 6-66　"制图首选项"对话框

（2）依次执行"菜单"→"首选项"→"制图"命令  制图(D)...，弹出如图 6-67 所示的"制图首选项"对话框。

图 6-67　设置"倒斜角"样式

（3）选择"尺寸"→"倒斜角"选项卡，将"倒斜角"的"样式"修改为 ⬚▾，其余参数保持不变。

（4）选择"窄尺寸"选项卡，将显示样式修改为"无指引线"选项 [无指引线 ▾]。单击"确定"按钮，完成"制图首选项"的设置，如图 6-68 所示。

图 6-68　设置"窄尺寸"样式

3. 创建基本视图

（1）依次执行"菜单"→"插入"→"视图"→"基本"命令 基本(B)... ，弹出如图 6-69 所示的"基本视图"对话框，单击"模型视图"选项区域中的"要使用的模型视图"下拉列表，选择"前视图"选项，其余参数不变。A2 图纸区域中生成模型前视图的预览图。

（2）在 A2 图纸区域的合适位置单击鼠标左键，即可在当前工程图中创建出该模型的"前视图"，如图 6-70 所示。

图 6-69　创建基本视图

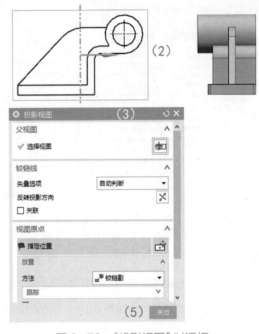

图 6-70　"投影视图"对话框

（3）当前视图放置完毕之后，系统自动以该视图为主视图生成投影预览图，并且弹出如图 6-70 所示的"投影视图"对话框。

（4）将光标移动到主视图的右侧适当位置，单击鼠标左键，创建该模型的左视图，如图 6-71 所示。

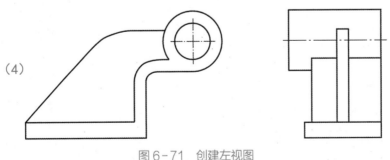

图 6-71　创建左视图

（5）完成左视图创建之后，单击"投影视图"对话框中的"关闭"按钮 关闭 ，退出投影视图创建。

4. 创建键槽全剖视图

（1）依次执行"菜单"→"插入"→"视图"→"剖视图"命令 ▣ 剖视图(S)... ，弹出如图6-72所示的"剖视图"对话框。系统提示选择"父视图"。

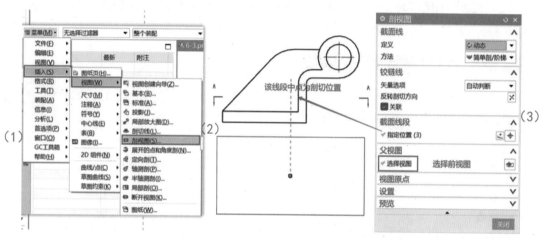

图6-72 "剖视图"对话框

（2）单击之前创建的前视图，将其选择为要生成截面的"父视图"。此时，"剖视图"对话框会发生变化，更多的命令将会被展示出来。

（3）选择竖直线段的中点作为铰链线的放置位置，单击确定剖视图的剖切位置，如图6-72所示，此时将会显示出剖视图的预览方框。

（4）移动预览方框到合适位置，然后单击鼠标左键，将全剖视图放置在图纸中适当的位置，效果如图6-73所示。

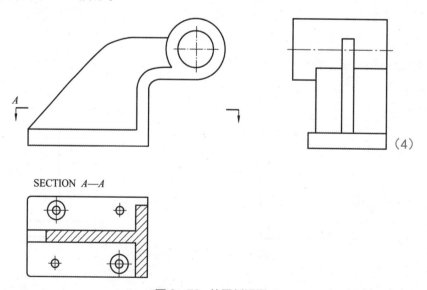

图6-73 放置剖视图

5. 创建俯视图的局部剖视图

（1）在前视图区域范围内单击鼠标右键，弹出如图 6-74 所示的快捷菜单，在菜单中单击"扩大"按钮。前视图进入"扩大"状态 扩大(X)，此时，整个视图窗口中只显示前视图，不管放大还是缩小视图，都只能看到前视图内的图形。

（2）通过命令查找器，找到"艺术样条"命令，将其显示在主菜单中，即可直接调用艺术样条命令。（注意：在 UG NX 12.0 默认情况下，"菜单"→"插入"中没有"曲线"→"艺术样条"命令，需要手动添加。）如图 6-75 所示。

（3）依次执行"菜单"→"插入"→"曲线"→"艺术样条"命令 艺术样条(D)...，绘制封闭样条曲线，如图 6-76 所示。

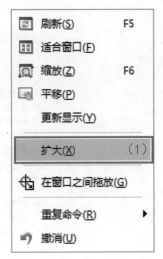

图 6-74　右键快捷菜单

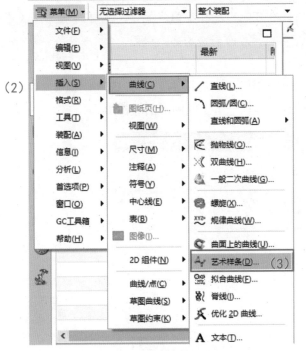

图 6-75　插入艺术样条命令

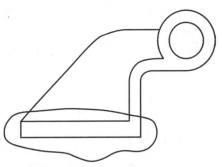

图 6-76　绘制封闭样条曲线

（4）再次单击鼠标右键，在弹出的快捷菜单中单击"扩大"按钮 ✓ 扩大(X)，退出前视图扩展状态，如图 6-77 所示。

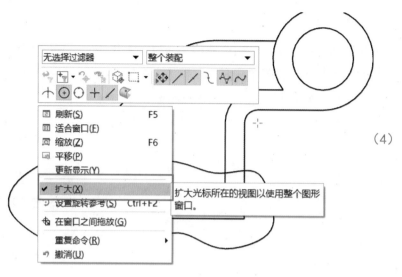

图6-77 退出前视图扩展状态

要点提示： 退出扩展状态的前视图，有可能出现样条曲线显示不完整的情况，这是受到视图边界的影响，属于正常现象，不影响后面创建局部剖视图。

（5）依次执行"菜单"→"插入"→"视图"→"局部剖"命令 ，弹出如图6-78所示的"局部剖"对话框，系统提示选择一个生成局部剖的视图。

图6-78 "局部剖"对话框

（6）单击选择前视图"FRONT@1"作为生成局部剖的视图，出现新的命令按钮，如图6-79所示。

图 6-79　"局部剖"新命令

（7）选择底部全剖视图中靠近下方的一个圆心作为基点，如图 6-80 所示。

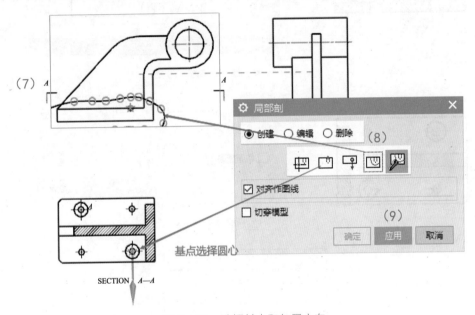

图 6-80　选择基点和矢量方向

（8）系统提示指定拉伸矢量方向，这里接受默认定义，故直接单击 "选择曲线" 按钮 。在 "扩展" 状态下，选择前视图中创建的封闭样条曲线。

（9）单击 "应用" 按钮 应用 ，完成局部剖视图的创建，如图 6-81 所示。

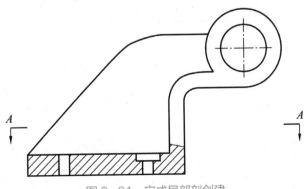

图 6-81　完成局部剖创建

（10）用同样的方法创建左视图的局部剖视图，如图6-82、图6-83所示。

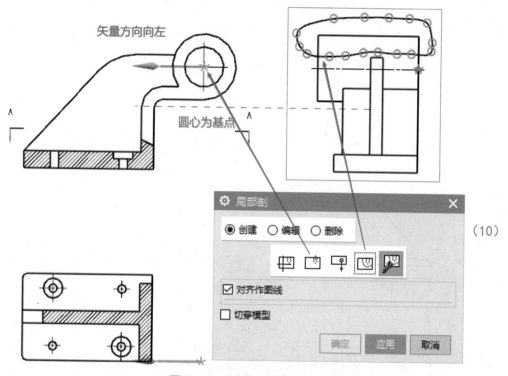

（10）

图6-82　创建左视图局部剖

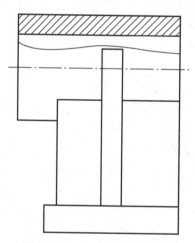

图6-83　完成左视图局部剖

6. 视图调整

（1）执行下拉菜单"首选项"→"制图"命令 制图(D)...，选择"视图"选项卡中的"显示"选项，将各个视图的边框显示出来，如图6-84所示。

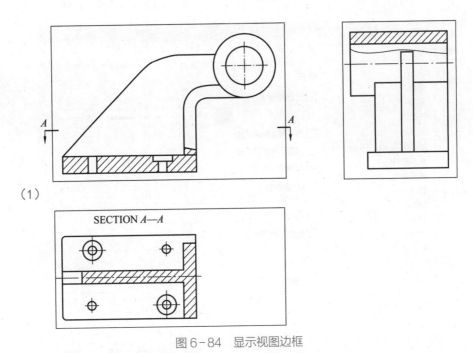

（1）

SECTION A—A

图 6-84 显示视图边框

（2）双击左视图边框，弹出如图 6-85 所示的"设置"对话框。

图 6-85 "设置"对话框

（3）选择"隐藏线"选项卡，将隐藏线的显示方式由默认的"不可见"改选为"虚线显示"选项 ┌ -------- ▼ ┐，如图 6-86 所示。隐藏线不可见时如图 6-87 所示，隐藏线虚线显示时如图 6-88 所示。

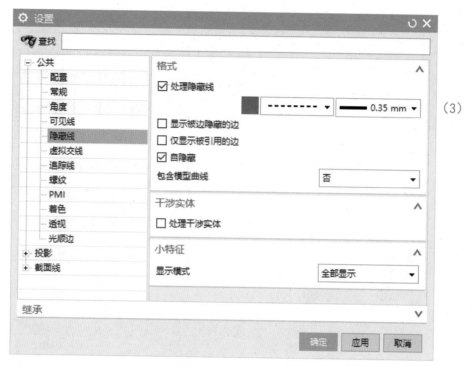

（3）

图 6-86　显示隐藏线

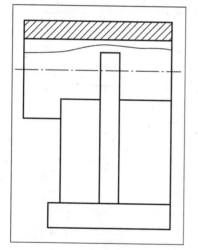

图 6-87　隐藏线不可见

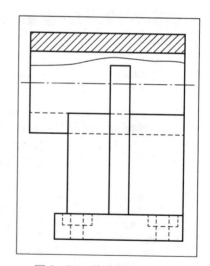

图 6-88　隐藏线虚线显示

（4）依次执行"菜单"→"插入"→"中心线"→"2D 中心线"命令 [⊕ 2D 中心线...]，弹出如图 6-89 所示的"2D 中心线"对话框，选择合适的曲线，单击"确定"按钮 [确定]，完成一条中心线的创建。

（5）按照相同的方法，执行"3D 中心线" [⊖ 3D 中心线...] "中心标记" [⊕ 中心标记(M)...] 等创建中心线的命令，为视图中的部分特征添加其余中心线，效果如图 6-90 所示。

图6-89　"2D中心线"对话框

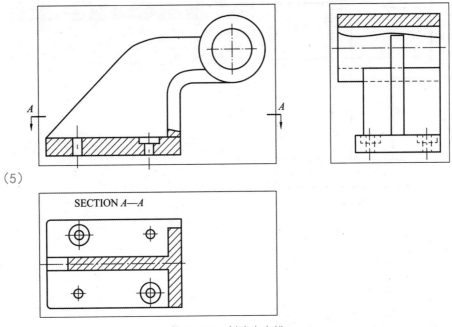

图6-90　创建中心线

（6）依次执行"菜单"→"编辑"→"视图"→"视图相关编辑"命令 视图相关编辑(E)... ，弹出如图6-91所示的"视图相关编辑"对话框，单击左视图，此时"视图相关编辑"对话框中的命令图标将被点亮，单击"擦除对象"按钮 ，弹出如图6-92所示"类选择"对话框。

（7）依次选择左视图中不需要显示的线条，单击"确定"按钮 确定 ，完成该视图的编辑，如图6-92所示。

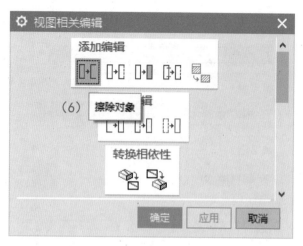

图 6-91 "视图相关编辑"对话框

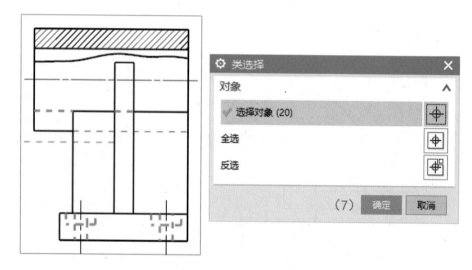

图 6-92 选择擦除对象

7. 尺寸标注

（1）执行下拉菜单"首选项"→"制图"命令 ✎ 制图(D)... ，设置"视图"选项卡中的"显示"选项，将各个视图的边框隐藏。

（2）依次执行"菜单"→"插入"→"尺寸"→"快速"命令 ⊢⊶ 快速(P)... ，进行线性尺寸的标注，如图 6-93 所示。

（3）依次执行"菜单"→"插入"→"尺寸"→"径向"命令 ✗ 径向(R)... ，弹出"径向尺寸"对话框，"方法"选择"直径"选项 ⊟直径 ，单击如图 6-94 所示的圆，会出现直径尺寸的预览，然后在"直径尺寸"对话框中单击"文本"按钮 **A** ，弹出如图 6-95 所示的"附加文本"对话框。

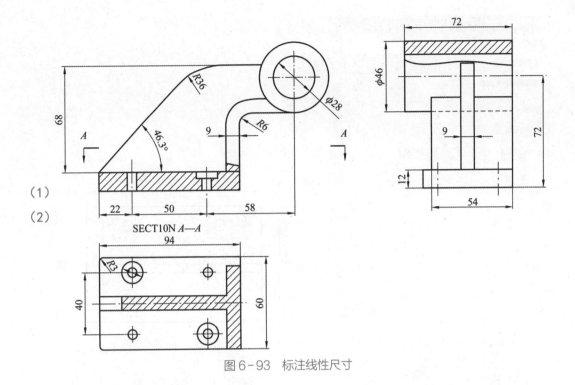

图6-93 标注线性尺寸

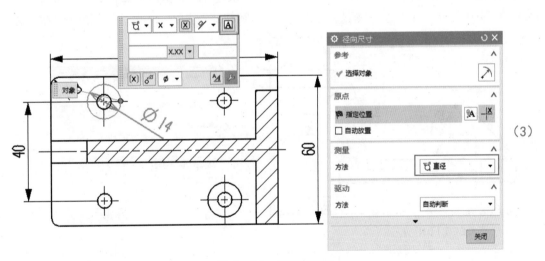

图6-94 标注圆直径

（4）在"附加文本"文本区域中，将"文本位置"选择为"之前"选项 之前 ，然后在文本输入区域输入2×，会生成2×14的预览。

（5）单击"关闭"按钮 关闭 ，退回到"直径尺寸"对话框，在合适的位置单击，放置带附加文本的直径尺寸，如图6-96所示。

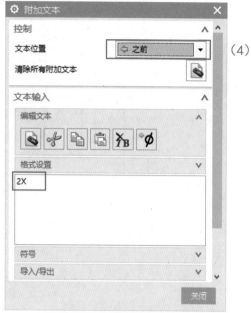

图 6-95　"附加文本"对话框

图 6-96　添加附加文本

（6）依次执行"菜单"→"插入"→"尺寸"→"快速"命令 ⊢⊶ 快速(P)... ，弹出如图 6-97 所示的"快速尺寸"对话框，"测量方法"选择为"圆柱式"选项，然后选择如图 6-97 所示的沉头孔内径，会出现沉头孔内径的尺寸预览。

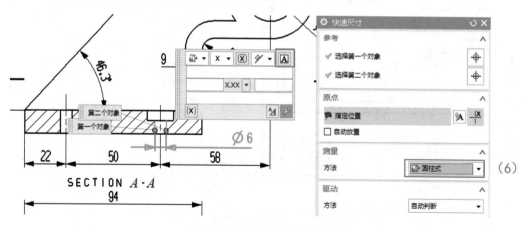

图 6-97　"快速尺寸"对话框

（7）在不退出"圆柱尺寸"对话框的前提下，单击"文本"按钮 **A** ，弹出如图 6-98 所示的"附加文本"对话框。

（8）在"附加文本"文本区域中，将"文本位置"选择为"之前"选项 ⇔ 之前 ，在文本输入区域输入 2X。将"文本位置"选择为"下面"选项 ⬇ 下面 ，单击"制图符号"选项区中的"沉头孔"按钮 ⊔ ，输入 14。再单击"制图符号"选项区中的"深度"按钮 ▽ ，然后输入 5，出现标注预览。

（9）单击"关闭"按钮 关闭 ，退回到"快速尺寸"对话框，在合适的位置单击，放置沉头孔尺寸，如图 6-99 所示。

图 6-98　"附加文本"对话框

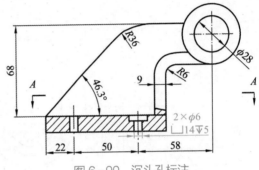

图 6-99　沉头孔标注

尺寸标注完成的效果如图 6-100 所示。

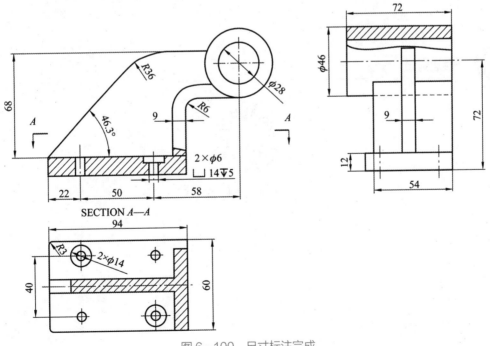

图 6-100　尺寸标注完成

任务检测

导入模型，并根据如图 6-101 所示的要求，完成该模型的工程制图。

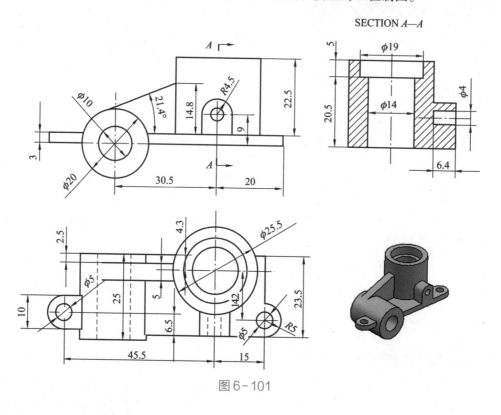

图 6-101

 在线测试

扫一扫 测一测

参考文献

［1］天工在线.中文版UG NX 12.0从入门到精通［M］.北京:中国水利水电出版社,2018.

［2］展迪优.UG NX 12.0机械设计教程［M］.北京:机械工业出版社,2019.

［3］伍菲,黄晓喻.UG NX 12.0中文版完全自学一本通［M］.北京:电子工业出版社,2021.

［4］吴宗泽,高志.机械设计实用手册:第2版［M］.北京:化学工业出版社,2020.

［5］程罡.曲面之美:Rhino产品造型设计［M］.北京:清华大学出版社,2021.

［6］詹建新.UG 12.0造型设计实例教程［M］.北京:电子工业出版社,2022.